CDA数据分析师技能树系列

Power BI
数据分析
从小白到高手

▶ 双色视频版

BI DATA ANALYSIS
BEGINNER TO EXPERT

王国平 —— 编著

化学工业出版社
·北京·

内容简介

大数据时代，掌握必要的数据分析能力，将大大提升你的工作效率和自身竞争力。Power BI 是一种常用的数据分析工具，本书将详细讲解利用 Power BI 进行数据分析及可视化的相关知识。

书中主要内容包括：Power BI 入门、数据集成、数据处理、基础操作、基础视觉对象、自定义视觉对象、数据分析表达式、创建数据报表、视觉对象开发、开发基于 R 的视觉对象等。

本书内容丰富，采用双色印刷，配套视频讲解，结合随书附赠的素材边看边学边练，能够大大提高学习效率，迅速掌握 Power BI 数据分析技能，并用于实践。

本书适合数据分析初学者、初级数据分析师、数据库技术人员、市场营销人员、产品经理等自学使用。同时，本书也可用作职业院校、培训机构相关专业的教材及参考书。

图书在版编目（CIP）数据

Power BI 数据分析从小白到高手 / 王国平编著.
北京：化学工业出版社，2025. 10. -- ISBN 978-7-122-48796-4

Ⅰ. TP317.3
中国国家版本馆CIP数据核字第2025L2P982号

责任编辑：耍利娜
文字编辑：侯俊杰　温潇潇
责任校对：王鹏飞
装帧设计：孙　沁

出版发行：化学工业出版社
　　　　　（北京市东城区青年湖南街 13 号　邮政编码 100011）
印　　装：河北鑫兆源印刷有限公司
710mm×1000mm　1/16　印张 17½　字数 290 千字
2025 年 10 月北京第 1 版第 1 次印刷

购书咨询：010-64518888　　　　售后服务：010-64518899
网　　址：http://www.cip.com.cn
凡购买本书，如有缺损质量问题，本社销售中心负责调换。

定　　价：89.00元　　　　　　　　版权所有　违者必究

前 言

○ Power BI 是一款非常出色的数据分析与可视化工具，具有多样的功能和直观的界面，能够帮助用户深入理解、分析和可视化数据。利用 Power BI，用户可以深入挖掘数据，发现其中的模式、趋势和关系。

在大模型时代，无论是企业还是组织，都能从 Power BI 中获益。对企业来说，Power BI 可以帮助管理人员更好地理解业务绩效、市场趋势和客户需求，从而做出更明智的战略决策。对组织而言，Power BI 可以用来分析内部数据，优化流程，提高效率，实现更好的资源配置。

对于数据分析师来说，掌握 Power BI 软件是极其重要的，因为它提供了强大的数据分析和可视化工具，可以帮助他们更好地理解和处理数据。通过学习 Power BI，数据分析师可以学会如何连接和整合各种数据源，进行数据清洗和转换，以及创建交互式的可视化报表和仪表盘。这些功能使他们能够深入挖掘数据背后的故事，发现隐藏的模式和趋势。

本书不仅涵盖了 Power BI 数据分析的主要方法和技巧，还包括了案例实战，使读者能够轻松快速地掌握数据分析的主要方法。本书的配套资源中包含了案例实战中所使用的数据源、PPT 和学习视频等，供读者在阅读本书时使用。

⭕ 本书主要内容

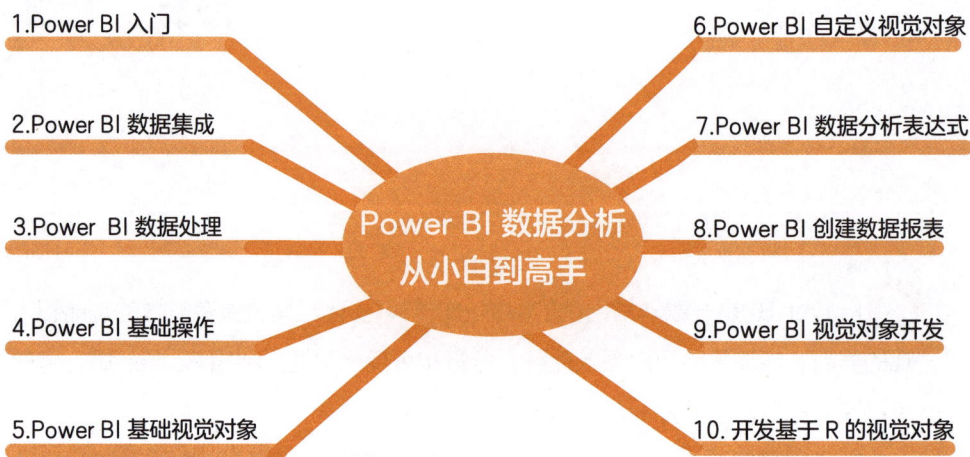

1.Power BI 入门

2.Power BI 数据集成

3.Power BI 数据处理

4.Power BI 基础操作

5.Power BI 基础视觉对象

Power BI 数据分析 从小白到高手

6.Power BI 自定义视觉对象

7.Power BI 数据分析表达式

8.Power BI 创建数据报表

9.Power BI 视觉对象开发

10. 开发基于 R 的视觉对象

⭕ 使用本书的注意事项

（1）理论与实践结合。不能仅仅停留在阅读书本知识上，要边学边用 Power BI 软件进行实际操作。比如书中介绍的数据处理、可视化等内容，都要通过实际案例来巩固理解。

（2）做好笔记整理。本书内容丰富，涉及众多数据分析的基本概念和技巧。可以将重点知识、复杂的操作步骤以及自己的感悟记录下来，方便日后复习、查阅和实践。

（3）保持耐心和坚持。从小白到高手的过程并非一蹴而就，可能会遇到一些难题和困惑。但不要轻易放弃，耐心钻研每个知识点，持续学习，逐步提升自己的数据分析能力。

⬤ 本书主要特色

特色 1：循序渐进的内容体系。从基础知识入手，逐步引导读者深入了解 Power BI 的各种功能和高级技巧，即使是毫无基础的小白，也能轻松跟上节奏。

特色 2：丰富的实战案例。书中包含大量真实的数据分析案例，让读者在学习理论知识的同时，能够通过实际操作更好地理解和掌握 Power BI 的应用，提升解决实际问题的能力。

特色 3：全面系统的知识覆盖。涵盖了数据获取、清洗、建模、可视化等数据分析的各个环节，为读者提供一站式的学习资源，帮助读者全面掌握 Power BI 数据分析技能，成为真正的高手。

由于编著者水平所限，书中难免存在不妥之处，请读者批评指正。

编著者

扫码看视频

目 录

1　Power BI 入门

2　Power BI 数据集成

3　Power BI 数据处理

4 Power BI 基础操作

5 Power BI 基础视觉对象

6 Power BI 自定义视觉对象

7 Power BI 数据分析表达式

8 Power BI 创建数据报表

9 Power BI 视觉对象开发

10 开发基于 R 的视觉对象

1

Power BI
入门

▼

Microsoft Power BI通常简称为 Power BI，它融合了经过
长期验证的微软查询引擎、数据建模和可视化技术。数据分析师
和其他团队成员可以轻松创建查询、数据连接、模型和报告，方
便与他人共享。本章将介绍 Power BI软件简介、报表编辑器、
软件最新功能，以及如何学习 Power BI软件。为方便读者有选
择性地进行学习，提高效率，读者可扫描下方二维码，获取电子
版内容。

扫码阅读 PDF 文档

2

Power BI
数据集成

▼

Power BI的数据集成是指将来自不同数据源的数据汇集到 Power BI中，以便用户更容易地分析和可视化。Power BI支持与各种数据源的连接，包括文件、数据库、Power Platform、Azure、联机服务、其他等，这些类别位于"获取数据"中。本章将详细介绍Power BI如何连接到单个数据文件、关系型数据库和其他数据源。

2.1 连接到单个数据文件

2.1.1 连接 Excel 工作簿

使用Power BI，可以轻松导入Excel文件数据，下面介绍具体操作步骤。

在Power BI的"主页"选项卡中单击"获取数据"选项，在打开的下拉框中选择"Excel工作簿"选项。还可以在"获取数据"下拉框中选择"更多"选项，在打开的"获取数据"对话框中选择"文件"选项，再选择"Excel工作簿"选项，如图2-1所示。然后在弹出的"打开"对话框中，选择数据文件"订单明细表.xlsx"。

图2-1 "获取数据"对话框

Power BI会在"导航器"对话框中显示数据表信息，在左侧选择数据表"订单明细表"，右侧就会出现该数据表的数据预览，如图2-2所示。

图2-2 "导航器"对话框

3

单击"加载"按钮，Power BI 会打开加载进度对话框，数据加载完毕后，将会在"数据"窗格中显示表名及其列名，如图 2-3 所示。

如果数据不符合分析需求，那么需要对数据进行数据清洗，包括重复值处理、异常值处理等，在图 2-2 中，单击"转换数据"按钮，进入数据清洗的页面，如图 2-4 所示。

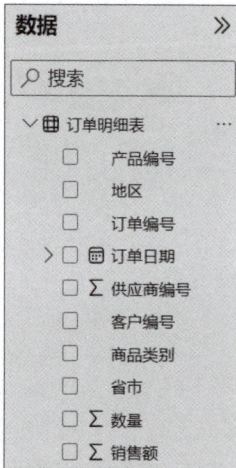

图 2-3　"数据"窗格　　　图 2-4　数据清洗页面

2.1.2　连接文本 /CSV 文件

Power BI 连接以逗号分隔的文本 /CSV 文件的方法与连接 Excel 文件的方法类似。下面介绍主要操作步骤。

在"主页"选项卡单击"获取数据"选项，在打开的下拉框中选择"文本 /CSV"选项。还可以在"获取数据"下拉框中选择"更多"选项，在打开的对话框中选择"文件"选项，然后选择"文本 /CSV"选项。在弹出的"打开"对话框中，选择数据文件"客户信息表 .csv"。

在 Power BI 导入 CSV 文件时，需要确认文件的字符编码格式，因为错误的编码可能导致数据乱码。默认情况下，Power BI 通常使用"65001: Unicode(UTF-8)"编码，这是一种广泛支持的字符编码格式，能够处理包括中文在内的多种语言，如图 2-5 所示。

在 Power BI 中导入 CSV 文件时，选择正确的分隔符也是至关重要的，因为它直接影响数据如何被解析和显示。不同的 CSV 文件可能使用不同的字符作为

4

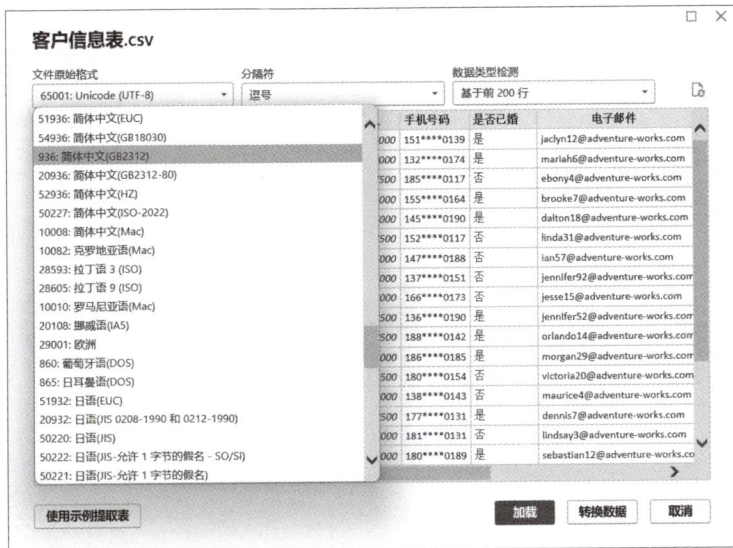

图 2-5　数据文件原始格式

分隔符，包括但不限于冒号（:）、逗号（,）、等号（=）、分号（;）、空格和制表符（Tab）等，如图 2-6 所示。

图 2-6　数据文件分隔符

　　在 Power BI 中导入 CSV 文件时，可以选择不同的数据类型检测选项，这些选项决定了 Power BI 如何推断数据列的数据类型，如图 2-7 所示。这些选项包括：

　　·基于前 200 行：Power BI 将检查文件的前 200 行来推断每列的数据类型。这是默认选项，因为它提供了较快的加载速度和合理的准确性。

　　·基于整个数据集：Power BI 将检查整个数据集来确定每列的数据类型。虽然更耗时，但可以提高数据类型推断的准确性，特别是数据类型在文件后面发生变化的情况下。

·不检测数据类型：选择这个选项后，Power BI 不会尝试推断数据类型，而是将所有数据作为文本导入。这可以避免错误的数据类型推断，特别是在数据具有特殊格式或混合类型时。

图 2-7　数据文件数据类型检测

2.1.3　连接 JSON 文件

Power BI 可以连接 JSON 文件。下面介绍主要操作步骤。

在"主页"选项卡中单击"获取数据"选项，在打开的下拉框中选择"更多"选项，打开"获取数据"对话框，选择"文件"类型中的"JSON"选项。

在弹出的"打开"对话框中，选择数据文件"客服人员信息表.json"。在"Power Query 编辑器"对话框中，显示文件中的字段信息，如图 2-8 所示。

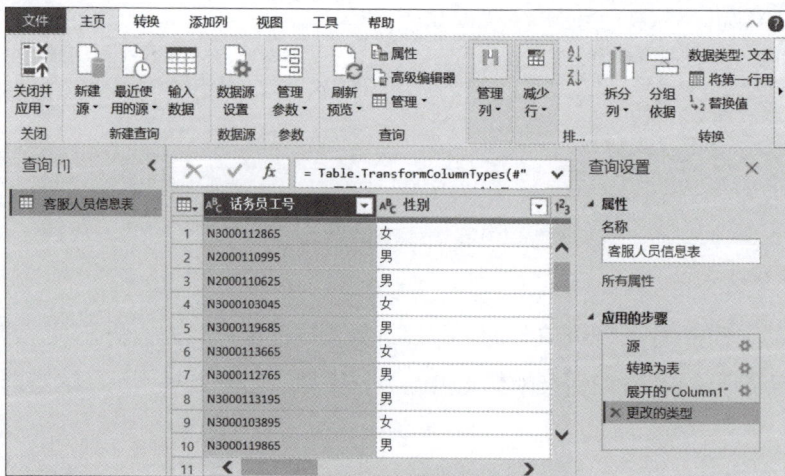

图 2-8　字段信息

在导入文件时，Power BI 提供了一系列工具和选项来自动处理和转换数据，使其适用于数据分析和可视化。数据处理主要应用的步骤包括转换为表、展开的

6

"Column1"、更改的类型，如图2-9所示。

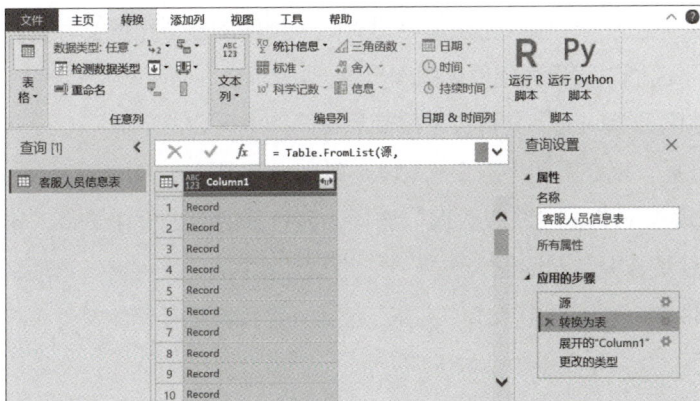

图2-9　应用的步骤

2.1.4　连接PDF文件

Power BI也可以连接PDF文件。下面介绍主要操作步骤。

在"主页"选项卡中单击"获取数据"选项，在打开的下拉框中选择"更多"选项，打开"获取数据"对话框，选择"文件"类型中的"PDF"选项。

在弹出的"打开"对话框中选择数据文件"医院患者随访数据.pdf"。在"导航器"对话框中展示数据表的具体信息，可以预览数据，例如勾选"Table001 (Page 1)"，如图2-10所示。

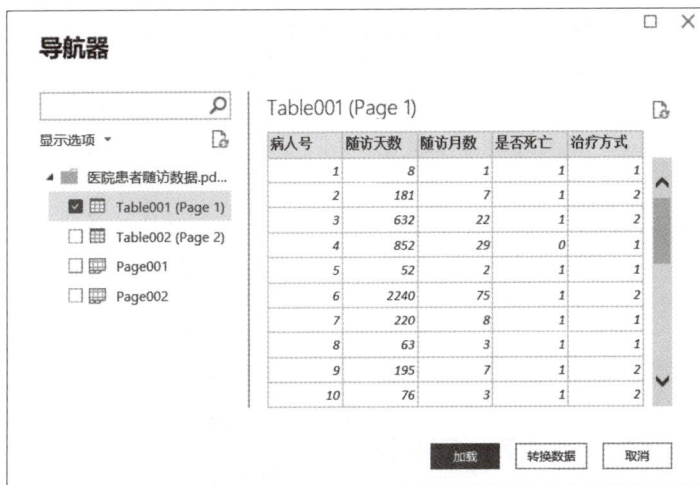

图2-10　"导航器"对话框

2.1.5 连接数据文件夹

Power BI导入数据的一个强大方法是将具有同一架构的多个数据文件合并到一个逻辑表中。下面通过案例介绍具体操作步骤。

例如，"西南地区订单明细"文件夹下是商品在西南地区2021年、2022年和2023年的订单数据，现在需要将这3张表导入Power BI中。

在"主页"选项卡下单击"获取数据"选项，在打开的下拉框中选择"更多"选项，打开"获取数据"对话框，选择"文件"类型中的"文件夹"选项。

在弹出的"文件夹"对话框中单击"浏览"按钮，选择数据存储的文件夹路径，如图2-11所示。

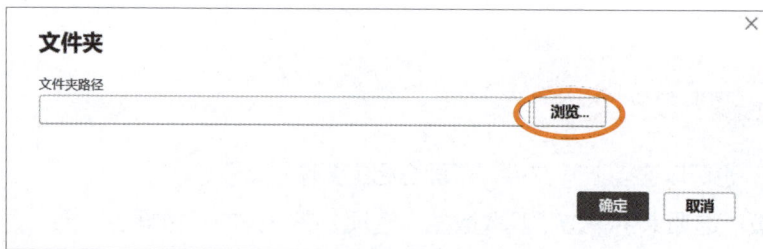

图2-11　选择数据文件夹

在图2-11中，单击"确定"按钮，在对话框中显示文件夹下数据表的具体信息，包括表的内容（Content）、名称（Name）等，如图2-12所示。

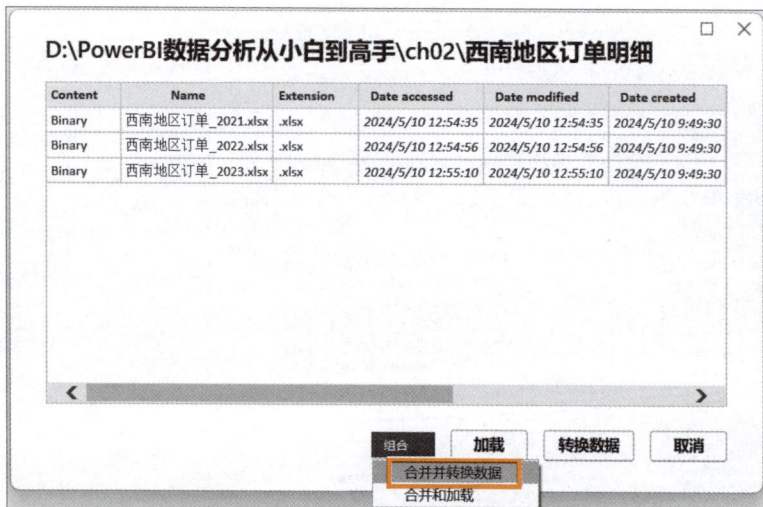

图2-12　合并并转换数据

8

在数据可视化分中，一般都是使用合并后的数据，这里需要单击"组合"按钮，再选择下拉框中选择"合并并转换数据"选项，然后进入 Power Query 编辑器页面。单击"主页"选项卡下的"合并文件"按钮，如图 2-13 所示。

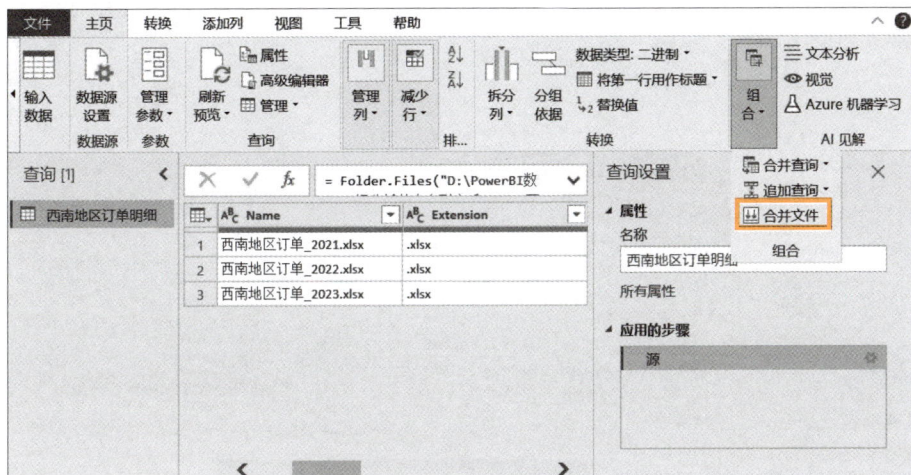

图 2-13　合并文件

在弹出的"合并文件"对话框中，在左侧区域选择"Sheet1"选项，右侧区域就会显示第一个文件的数据预览，如图 2-14 所示。

图 2-14　数据预览

单击"确定"按钮，在弹出的Power Query编辑器页面单击"关闭并应用"按钮，文件夹下的3张数据表就会导入Power BI中，如图2-15所示。

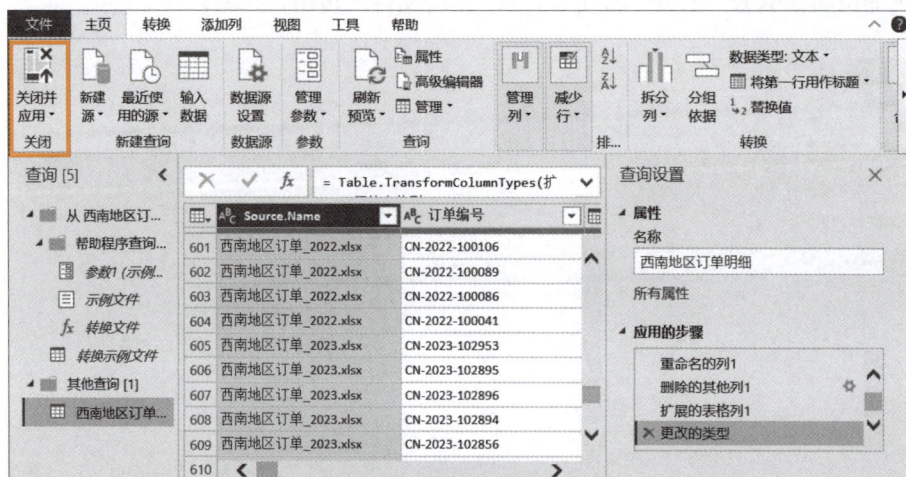

图2-15 关闭并应用

> **注意** 文件夹中的数据需要是同一架构的文件，包括字段名称、类型等，但是文件个数没有限制，在本案例中，每个Sheet页的名称都是一样的，例如"Sheet1"。

2.2 连接到关系型数据库

2.2.1 连接 Access 数据库

Access数据库，全称Microsoft Access，是微软公司推出的一款关系数据库管理系统。它属于微软Office套件中的一部分，主要用于数据管理、查询、报表生成和简单的应用程序开发。Access数据库凭借其易用性、功能强大和成本较低的特点，在个人和企业中得到了广泛的应用。

下面详细介绍 Power BI 连接 Access 数据库的主要操作步骤。

在"主页"选项卡单击"获取数据"选项，在打开的下拉框中选择"更多"，打开"获取数据"对话框，选择"数据库"类型中的"Access 数据库"，如图 2-16 所示。

图 2-16 "获取数据"对话框

单击"连接"按钮后，弹出"打开"对话框，选择数据文件"企业运营数据.accdb"。在"导航器"对话框中展示数据表的信息，在左侧选择数据表后，例如供应商信息表，右侧会出现该表的数据预览，如图 2-17 所示。单击"加载"按钮后，在"数据"窗格中显示表名及其列名。

图 2-17 数据预览

2.2.2 连接 SQL Server 数据库

SQL Server是由微软开发和发布的一个关系数据库管理系统（RDBMS），它是一种广泛使用的数据库平台，用于存储、处理和管理企业级数据。SQL Server提供了丰富的功能，包括数据仓库、电子商务、在线事务处理（OLTP）、报告和分析等。

下面详细介绍Power BI连接SQL Server数据库的主要操作步骤。

在"主页"选项卡单击"获取数据"选项，在打开的下拉框中选择"SQL Server"选项。

还可以在"获取数据"下拉框中选择"更多"，打开"获取数据"对话框，选择"数据库"类型中的"SQL Server数据库"。

在"SQL Server数据库"对话框中，在"服务器"文本框中输入服务器地址和端口号，再输入数据库的名称，然后单击"确定"按钮，如图2-18所示。

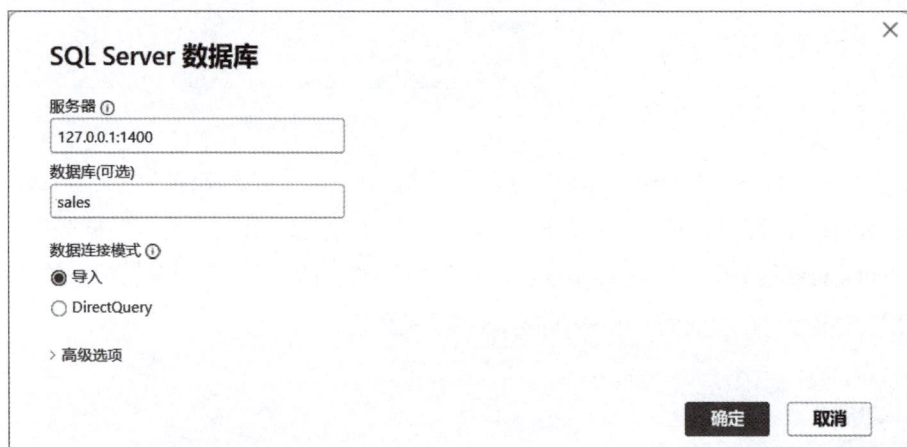

图 2-18 设置服务器和数据库

在打开的对话框的左侧选择Windows，可以看到"使用的Windows凭据访问此数据库"设置界面，在该对话框的左侧选择"数据库"选项，使用用户名和密码登录数据库，如图2-19所示。

单击"连接"按钮后，打开"导航器"对话框，可以预览数据，如图2-20所示，单击"加载"按钮后，会显示"加载"对话框。数据库中的数据表加载到Power BI后，将会在Power BI的报表视图右侧的"数据"窗格中显示该表及其列名。

12

图 2-19　"数据库"模式登录

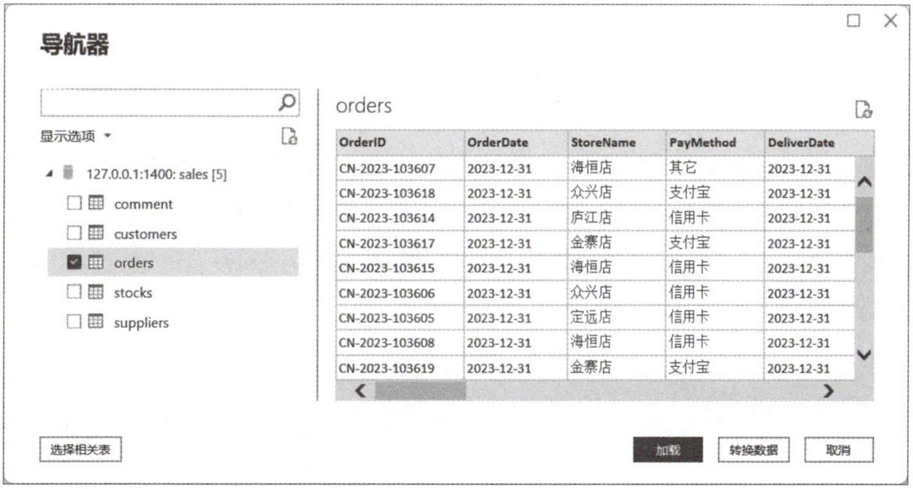

图 2-20　"导航器"对话框

2.2.3　连接 MySQL 数据库

　　MySQL 是一款流行的开源关系数据库管理系统，由瑞典 MySQL AB 公司开发，后被甲骨文公司收购。它基于 Structured Query Language（SQL）进行数据管理，是数据库服务器的软件。MySQL 被广泛应用于各种应用和网站中，特别是在 Web 应用程序方面，由于其高性能、灵活性、易用性和成本效益，成了全球最受欢迎的数据库之一。

13

在连接到MySQL数据库之前，首先需要到MySQL数据库的官方网站下载对应版本的Connector/NET驱动程序，其下载和安装过程比较简单，这里不再详述。

下面详细介绍Power BI连接MySQL数据库的主要操作步骤。

在Power BI的"主页"选项卡单击"获取数据"选项，在弹出的下拉框中选择"更多"选项。打开"获取数据"对话框，选择"数据库"类型中的"MySQL数据库"。

如果连接时出现报错对话框，就说明MySQL的驱动没有安装或者安装错误，如图2-21所示，可卸载并重新安装MySQL的驱动。

图2-21 未安装驱动程序

打开"MySQL数据库"对话框，在"服务器"文本框中输入服务器地址，如127.0.0.1，然后在"数据库"文本框中输入数据库名称，如trove，如图2-22所示，还可以单击"高级选项"，展开更多数据库设置选项，例如输入SQL语句等，完成后单击"确定"按钮。

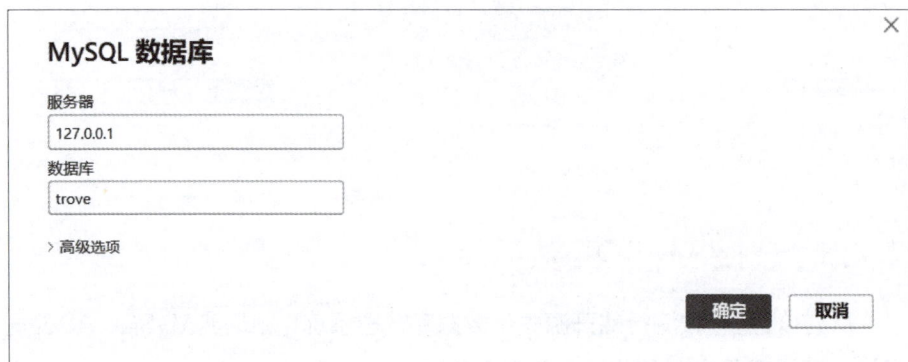

图2-22 设置服务器和数据库

在打开的对话框左侧，选择"数据库"选项，输入数据库的用户名和密码，如图2-23所示，然后单击"连接"按钮。

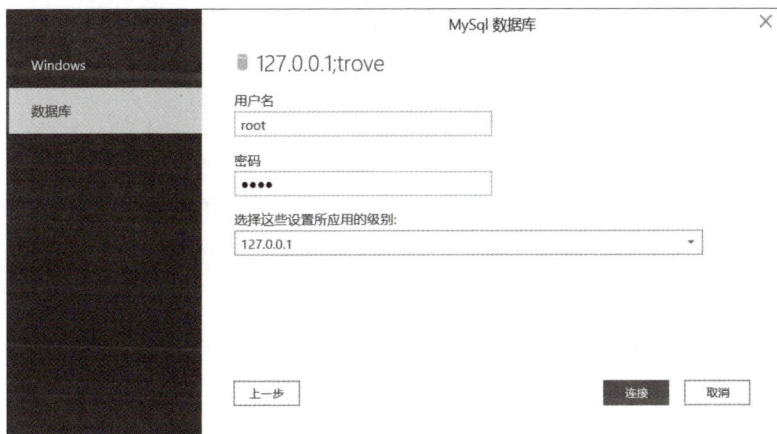

图 2-23 "数据库"模式登录

打开"导航器"对话框，勾选需要导入的数据表，并预览表中的数据，例如客户信息表（trove.customers），如图 2-24 所示，然后单击"加载"按钮。

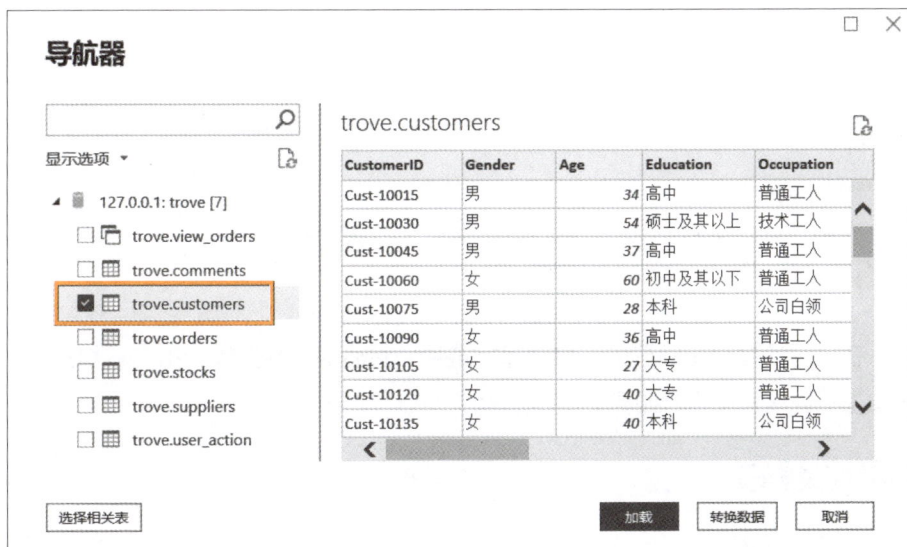

图 2-24 勾选需要导入的数据表

2.2.4 连接 PostgreSQL 数据库

PostgreSQL，也常简称为 Postgres，是一个功能强大的开源对象–关系型数据库管理系统（ORDBMS）。它最初由美国加利福尼亚大学伯克利分校的计算机科学教授 Michael Stonebraker 领导开发，于 1986 年首次发布。

PostgreSQL 以其可靠性、健壮性、灵活性和支持标准 SQL 的能力而闻名。

在连接到 PostgreSQL 数据库之前，首先需要下载与安装 PostgreSQL 数据库的驱动程序 Npgsql，其下载和安装过程比较简单，这里不再详述。

下面详细介绍 Power BI 连接 PostgreSQL 数据库的主要操作步骤。

Npgsql 驱动程序安装完成后，在 Power BI 的"主页"选项卡单击"获取数据"选项，在弹出的下拉框中选择"更多"选项。打开"获取数据"对话框，选择"数据库"类型中的"PostgreSQL 数据库"选项。

打开"PostgreSQL 数据库"对话框，在"服务器"中输入服务器地址，如127.0.0.1，然后在"数据库"中输入数据库名称，如 postgres，如图 2-25 所示。还可以单击"高级选项"，展开更多数据库设置选项，例如输入 SQL 语句等，完成后单击"确定"按钮。

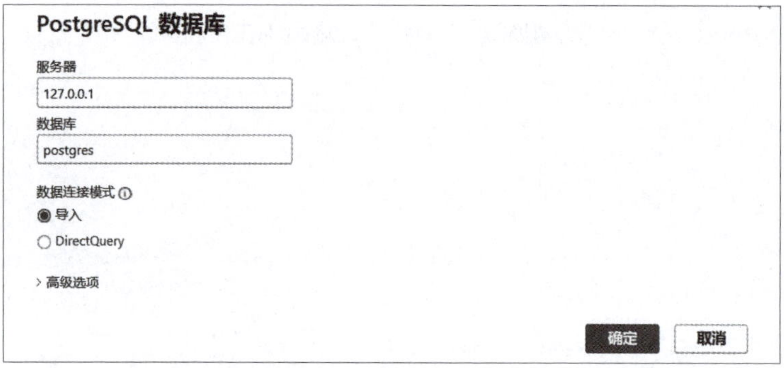

图 2-25　设置服务器和数据库

在该对话框的左侧选择"数据库"选项，然后输入数据库的用户名和密码，再单击"连接"按钮，如图 2-26 所示。

图 2-26　"数据库"模式登录

16

弹出"加密支持"对话框，无法使用加密连接来连接到此数据源，要使用不加密连接来访问此数据源，需要单击"确定"按钮，如图2-27所示。

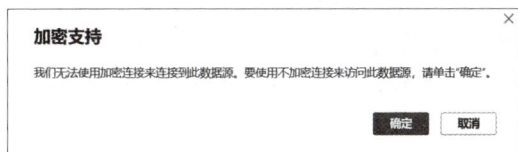

图2-27　数据库加密支持

打开"导航器"对话框，可以预览数据表中的数据，这里选择"订单明细表"选项，如图2-28所示。单击"加载"按钮，就会将数据表加载到Power BI软件中。

图2-28　选择"订单明细表"选项

2.3　连接到其他数据源

2.3.1　连接 Web 在线数据

Web在线数据是指通过互联网提供的各种数据资源，这些数据可以来自不同的网站、在线数据库或其他数字服务。在商业、研究、新闻报道等领域，Web在线数据是一个宝贵的信息来源，可以用于分析、报告和决策支持。

这里需要深入分析的是一份某地居民关于"退休后适合在哪里生活"的调查。这份调查反映了居民们对于退休生活的憧憬，涉及生活质量、住房成本、公共卫生、犯罪情况、税收、天气等多个关键因素，为了解居民的养老需求提供了宝贵的依据，如图2-29所示。

State & Overall Rank	Quality of life	Cost of housing	Public health	Crime	Taxes	Weather	Non-housing cost of living	Overall weighted and normalized score
1. New Hampshire	60	57	99.9	95	56	34	34	100
2. Utah	76	48	100	79	34	43	80	95
3. Minnesota	64	75	95	77	34	26	78	92
4. Connecticut	80	67	92	90	4	47	51	87
5. Colorado	76	44	96	57	55	36	79	86
6. Vermont	52	66	93	91	20	32	55	85
7. Maryland	96	64	83	60	41	59	62	82
8. Nebraska	56	86	77	69	39	43	92	81
9. North Dakota	56	86	75	70	63	25	80	79
10. Wisconsin	48	80	80	71	44	32	81	79
11. Virginia	72	69	72	86	30	60	78	78
12. Washington	76	39	88	75	46	39	53	77

图 2-29　加载 Web 数据

在Power BI的"主页"选项卡中单击"获取数据"选项，"从Web"页面输入网页的URL地址，再单击"确定"按钮，如图2-30所示。

图 2-30　输入 URL 地址

在"导航器"对话框，单击左侧的"显示选项"选项，勾选需要导入的数据表，如图2-31所示。单击"加载"按钮，Power BI查询编辑器就会爬取网页中的相关数据，并加载到软件中。

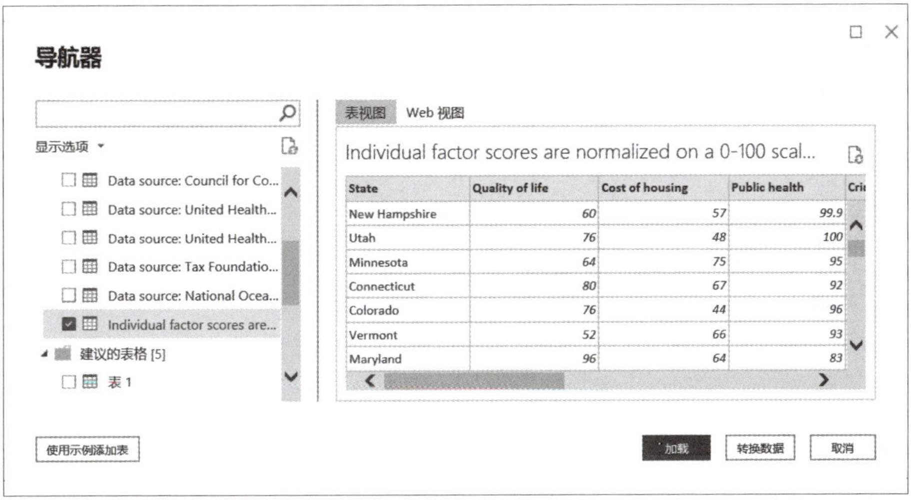

图2-31　勾选需要导入的数据表

2.3.2　连接 Vertical 列式数据库

　　与常见的行式关系型数据库不同，Vertica是一种基于列（Column-Oriented）存储的数据库体系结构，这种存储机构更适合在数据仓库存储和商业智能方面发挥特长。

　　常见的RDBMS都是面向行（Row-Oriented）存储的，在对某一列汇总计算的时候几乎不可避免地要进行额外的I/O寻址扫描，而面向列存储的数据库能够连续进行I/O操作，减少了I/O开销，从而达到数量级上的性能提升。同时，Vertica支持海量并行存储（MPP）架构，实现了完全无共享，因此扩展容易，可以利用廉价的硬件来获取高的性能，具有很高的性价比。

　　下面详细介绍Power BI连接Vertica数据库的主要操作步骤。

　　在"主页"选项卡单击"获取数据"选项，在打开的下拉框中选择"更多"，打开"获取数据"对话框，选择"数据库"类型中的"Vertica"选项，如图2-32所示。

　　在"导航器"对话框中展示数据表的信息，在左侧选择表后，例如"客户信息表"，右侧会出现该表的数据预览，如图2-33所示。单击"加载"按钮后，在"数据"窗格中显示表名及其列名。

19

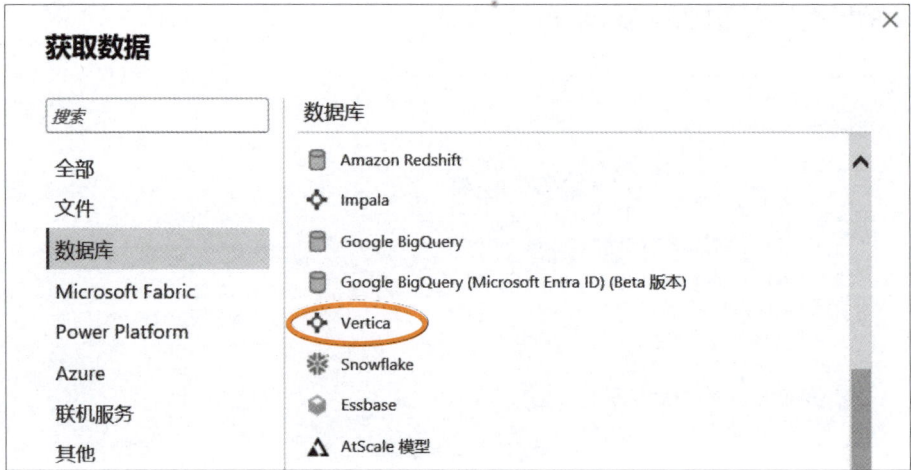

图 2-32　选择"Vertica"选项

图 2-33　选择"客户信息表"

2.3.3　连接 Dremio 数据湖引擎

Dremio是新一代的数据湖引擎，通过直接在云数据湖存储中进行实时的、交互式的查询来释放数据价值。

下面详细介绍Power BI连接Dremio数据湖的主要操作步骤。

在"主页"选项卡单击"获取数据"选项，在打开的下拉框中选择"更多"，打开"获取数据"对话框，选择"数据库"类型中的"Dremio Software"选项，如图2-34所示。

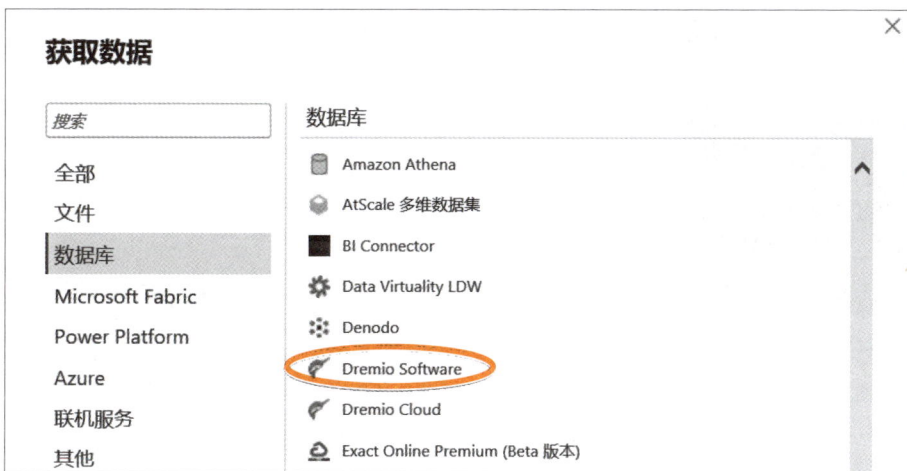

图 2-34　选择"Dremio Software"选项

在"Dremio Software"对话框中，在"服务器"（Dremio Server）文本框中输入服务器地址，再输入数据库的名称，然后单击"确定"按钮，如图2-35所示。

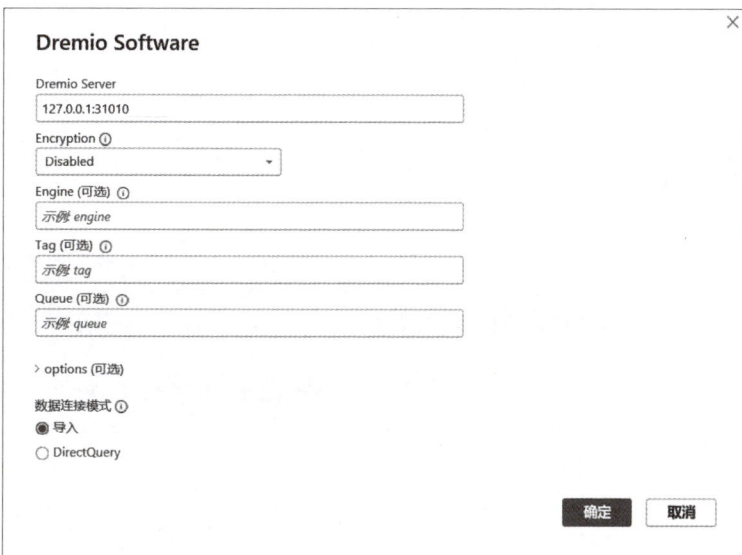

图 2-35　设置服务器和数据库

在打开的对话框的左侧选择Windows，可以看到"使用的Windows凭据访问此数据库"设置界面。在该对话框的左侧选择"Username/Password"，可以使用用户名和密码，登录数据库，如图2-36所示。

图 2-36 登录数据库

在"导航器"对话框中展示数据表的信息，单击左侧选择表后，例如"供应商信息表"，右侧会出现该表的数据预览，如图2-37所示。单击"加载"按钮后，在"数据"窗格中显示表名及其列名。

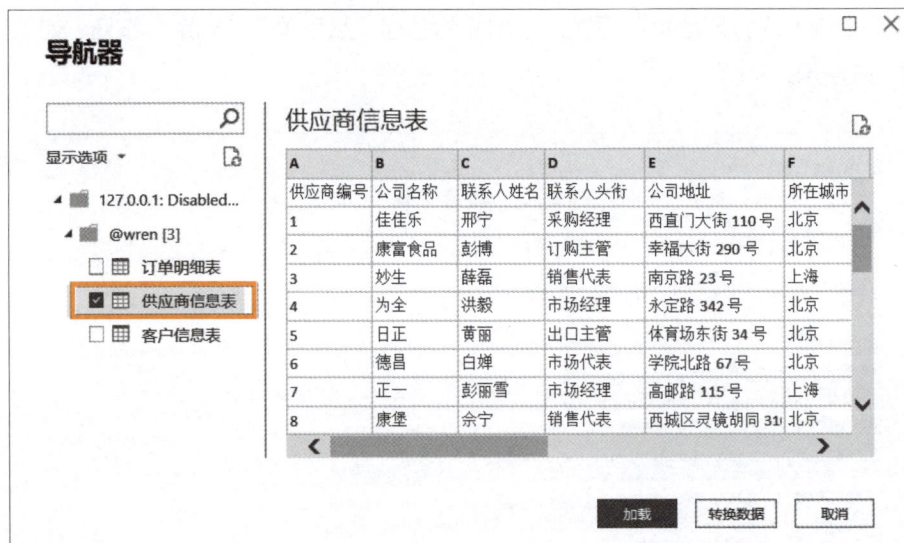

图 2-37 选择"供应商信息表"

3

Power BI
数据处理

▼

Power BI 具有强大的数据处理工具，数据分析师可以利用 M 语言进行数据导入导出、数据筛选、汇总统计、数据聚合和数据可视化等操作，从而对数据进行全面的分析和理解。本章将详细介绍 M 语言基础、查询编辑器简介、数据处理和转换、追加与合并数据、数据分类汇总等。

3.1 M语言基础

3.1.1 M语言概述

在Power BI中，M语言是一种强大的数据转换语言，用于在Power Query编辑器中清洗和转换数据，可以通过Power BI界面"主页"选项下的"转换数据"选项启动Power Query编辑器，如图3-1所示。

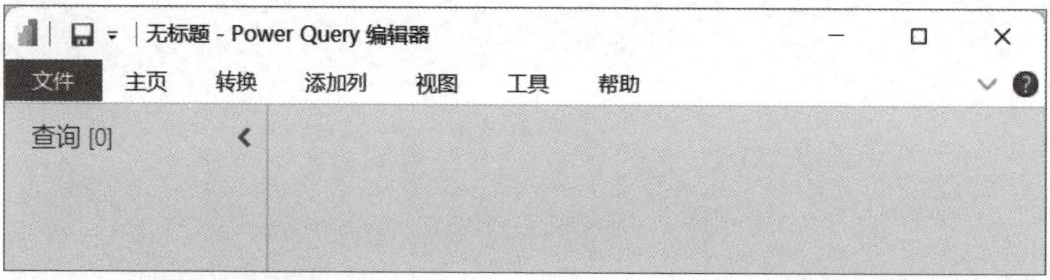

图3-1 Power Query 编辑器

M语言允许用户定义复杂的数据转换逻辑，包括数据导入、列操作、行筛选、数据合并等。M语言是通过函数公式将结果传递给变量，每个变量对应一个步骤，每个变量的步骤环环相扣。这些公式可以使用现成的函数，也可以使用自定义函数。但需要注意的是，公式中的函数和参数对大小写非常敏感。

M语言的每个查询公式都指向前一个步骤的变量名称，前一个步骤的变量名称就是一个实际的结果，这个结果可以是Value、Record、List、Table。如果公式太长，则可以在中间任意地方强制换行，但是每个公式在最后都应该输入一个逗号，然后换行到第二个步骤。直到最后一个步骤时，将最后一个查询步骤作为最终的结果，使用in语句把这个步骤传递回Power Query编辑器。

下面通过删除重复值的简单案例来介绍M语言的基本使用步骤。导入需要处理的数据，在"导航器"页面，单击"转换数据"按钮，这样就可以将数据导入到Power Query编辑器中，如图3-2所示，由于"订单编号"代表订单的唯一性，是订单表中的主键，然而导入的数据中存在重复值，例如S10003382，因此需要在编辑器中删除重复项。

下面介绍如何删除重复项，首先选择"订单编号"字段，然后单击鼠标右键，在弹出的菜单中选择"删除重复项"选项，如图3-3所示。

图 3-2　数据导入 Power Query 编辑器

图 3-3　选择"删除重复项"

打开高级编辑器，可以看到 M 语言公式的代码，如图 3-4 所示。

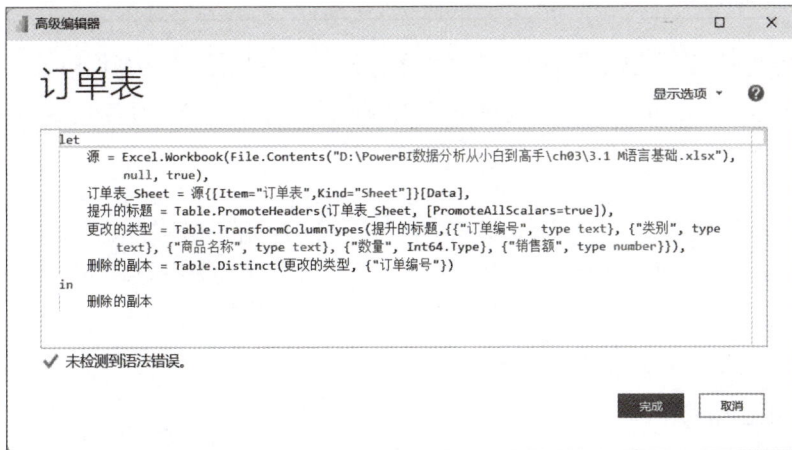

图 3-4　M 语言公式代码

具体公式代码如下：

```
let
    源 = Excel.Workbook(File.Contents("D:\PowerBI数据分析从小白
到高手\ch03\3.1 M语言基础.xlsx"), null, true),
    订单表_Sheet = 源{[Item="订单表",Kind="Sheet"]}[Data],
    提升的标题 = Table.PromoteHeaders(订单表_Sheet,
[PromoteAllScalars=true]),
    更改的类型 = Table.TransformColumnTypes(提升的标题,{{"订单编
号", type text}, {"类别", type text}, {"商品名称", type text},
{"数量", Int64.Type}, {"销售额", type number}}),
    删除的副本 = Table.Distinct(更改的类型, {"订单编号"})
in
    删除的副本
```

对于初学者来说，上面的公式不太好理解，下面进行详细说明，如表3-1
所示。

表3-1　公式说明

步骤	描述
let	表示一个查询的开始
源	创建输入一个查询表
更改的类型	变量名称，这个变量通过Table.TransformColumnTypes函数更改表中所有字段的类型
删除的副本	变量名称，这个变量通过Table.Distinct函数删除上一步骤中"订单编号"字段的重复项
in	表示一个查询的结束，查询结束后，将使用删除的副本这个步骤的结果输出到查询编辑器中

在M语言中，也可以像Excel一样使用运算符。Excel工作表函数仅对单元
格进行操作运算，在M语言中，运算符可以对记录（Record）、列表（List）、
表格（Table）进行操作运算。

> **注意**　不同数据类型的数据不可以直接进行计算，比如数值不能与文本类
> 型的数值直接计算，否则会发生错误。因此，如果需要对不同数据类型
> 的数据进行计算，一定要先使用转换函数将数据转换为相同类型。

（1）组合运算符

M语言中，组合运算符＆适用于文本、列表、记录、表格等连接，例如：

= "四川" & "成都" & "宽窄巷子"，输出"四川成都宽窄巷子"。

（2）比较运算符

适用于逻辑值数字、时间、日期、文本，比较运算符如表3-2所示。

表3-2　比较运算符

运算符	含义
>	大于
>=	大于或等于
<	小于
<=	小于或等于
=	等于
<>	不等于

（3）逻辑运算符

逻辑运算符主要有三种：and、or、not（都是关键字），也就是与、或、非，如表3-3所示。

表3-3　逻辑运算符

运算符	含义
and	与
or	或
not	非

（4）算术运算符

算术运算符主要有：+（加号）、-（减号）、*（乘号）、/（除号），用于各种常规算术运算，返回数值，如表3-4所示。

表3-4　算术运算符

运算符	含义
+	加
-	减
*	乘
/	除

（5）表级运算符

表级运算符有：记录查找运算符[]、列表索引器运算符{}，如表3-5所示。

表3-5　表级运算符

运算符	含义
[]	记录
{}	列表

3.1.2　M 语言函数

M语言的函数体系非常庞大，包含了大约90个函数类别，超过600个函数，要完全掌握M语言的所有函数几乎是不可能的，就像Excel工作表函数，能够熟练应用常用的几十个函数就已经非常了不起了。下面介绍数据清洗过程中使用的主要函数。

（1）Table.MinN

函数：Table.MinN。

语法：Table.MinN(table as table, comparisonCriteria as any ,optional countOrCondition as any) as table。

说明：在给定comparisonCriteria的条件下，返回table中的若干个最小值的行；如果countOrCondition是数字，则从结束端开始返回指定行数，若countOrCondition是一个条件，则返回满足此条件的行，直到不满足条件为止。例如：显示数量小于等于2的订单。

```
let
    源 = Excel.Workbook(File.Contents("D:\PowerBI数据分析从小白到高手\ch03\3.1 M语言基础.xlsx"), null, true),
    M语言函数_Sheet = 源{[Item="M语言函数",Kind="Sheet"]}
[Data],
    提升的标题 = Table.PromoteHeaders(M语言函数_Sheet,
[PromoteAllScalars=true]),
    更改的类型 = Table.TransformColumnTypes(提升的标题,{{"订单编
号", type text}, {"类别", type text}, {"商品名称", type text},
{"数量", Int64.Type}, {"销售额", type number}}),
```

```
        MinN=Table.MinN(更改的类型,"数量",each[数量]<=2)
    in
        MinN
```

函数结果如图3-5所示。

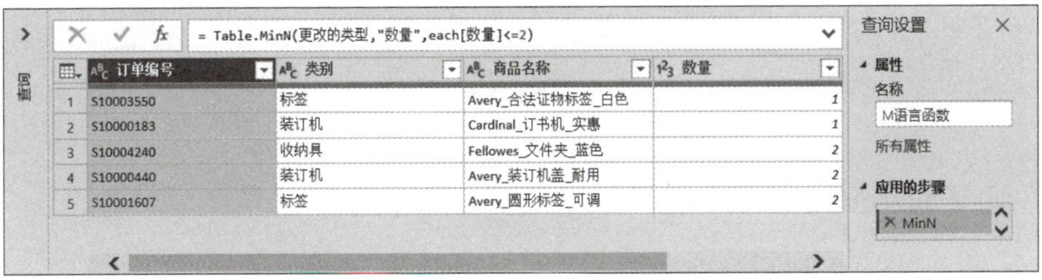

图3-5　Table.MinN 函数结果

（2）Table.MaxN

函数：Table.MaxN。

语法：Table.MaxN(table as table, comparisonCriteria as any ,optional countOrCondition as any) as table。

说明：在给定comparisonCriteria的条件下，返回table中的若干个最大值的行；如果countOrCondition是数字，则从结束端开始返回指定行数，若countOrCondition是一个条件，则返回满足此条件的行，直到不满足条件为止。

例如：显示销售额排名前3的订单。

```
let
    源 = Excel.Workbook(File.Contents("D:\PowerBI数据分析从小白
到高手\ch03\3.1 M语言基础.xlsx"), null, true),
    M语言函数_Sheet = 源{[Item="M语言函数",Kind="Sheet"]}
[Data],
    提升的标题 = Table.PromoteHeaders(M语言函数_Sheet,
[PromoteAllScalars=true]),
    更改的类型 = Table.TransformColumnTypes(提升的标题,{{"订单编
号", type text}, {"类别", type text}, {"商品名称", type text},
{"数量", Int64.Type}, {"销售额", type number}}),
    MaxN=Table.MaxN(更改的类型,"销售额",3)
in
    MaxN
```

函数结果如图3-6所示。

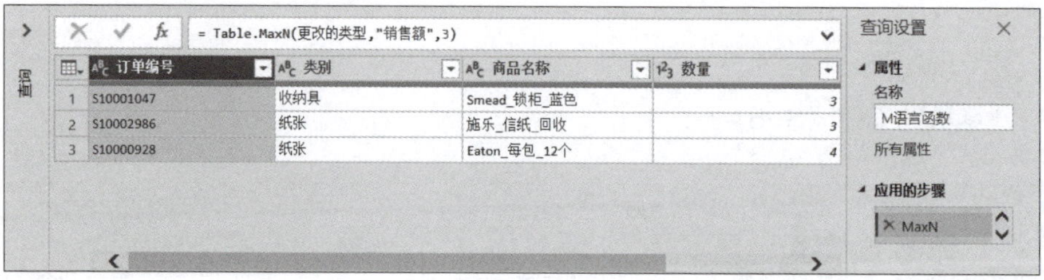

图3-6 Table.MaxN 函数结果

（3）Table.FindText

函数：Table.FindText。

语法：Table.FindText(table as table, text as text) as table。

说明：返回table查询表中包含文本text的行。如果找不到text，则返回空表。此函数只支持文本数据。例如：显示表中包含"标签"的行。

```
let
    源 = Excel.Workbook(File.Contents("D:\PowerBI数据分析从小白
到高手\ch03\3.1 M语言基础.xlsx"), null, true),
    M语言函数_Sheet = 源{[Item="M语言函数",Kind="Sheet"]}
[Data],
    提升的标题 = Table.PromoteHeaders(M语言函数_Sheet,
[PromoteAllScalars=true]),
    更改的类型 = Table.TransformColumnTypes(提升的标题,{{"订单编
号", type text}, {"类别", type text}, {"商品名称", type text},
{"数量", Int64.Type}, {"销售额", type number}}),
    FindText=Table.FindText(更改的类型,"标签")
in
    FindText
```

函数结果如图3-7所示。

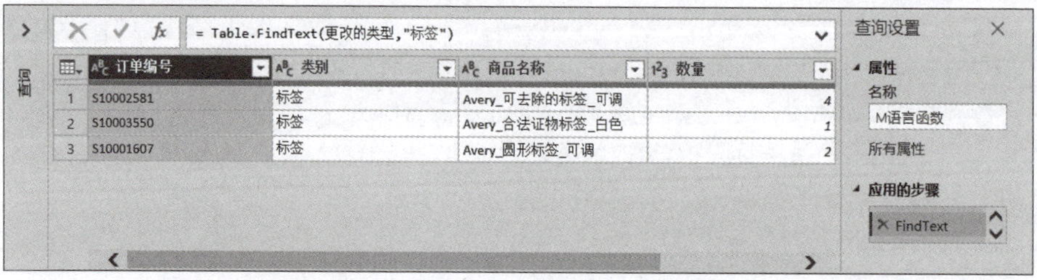

图3-7 Table.FindText 函数结果

（4）Table.Distinct

函数：Table.Distinct。

语法：Table.Distinct(table as table, optional equationCriteria as any) as table。

说明：从table查询表中删除重复的行；如果指定equationCriteria中的列字段名称，则仅按指定的列字段测试删除重复项。例如：删除表中重复的行。

```
let
    源 = Excel.Workbook(File.Contents("D:\PowerBI数据分析从小白
到高手\ch03\3.1 M语言基础.xlsx"), null, true),
    M语言函数_Sheet = 源{[Item="M语言函数",Kind="Sheet"]}
[Data],
    提升的标题 = Table.PromoteHeaders(M语言函数_Sheet,
[PromoteAllScalars=true]),
    更改的类型 = Table.TransformColumnTypes(提升的标题,{{"订单编
号", type text}, {"类别", type text}, {"商品名称", type text},
{"数量", Int64.Type}, {"销售额", type number}}),
    Distinct=Table.Distinct(更改的类型,"订单编号")
  in
    Distinct
```

函数结果如图3-8所示。

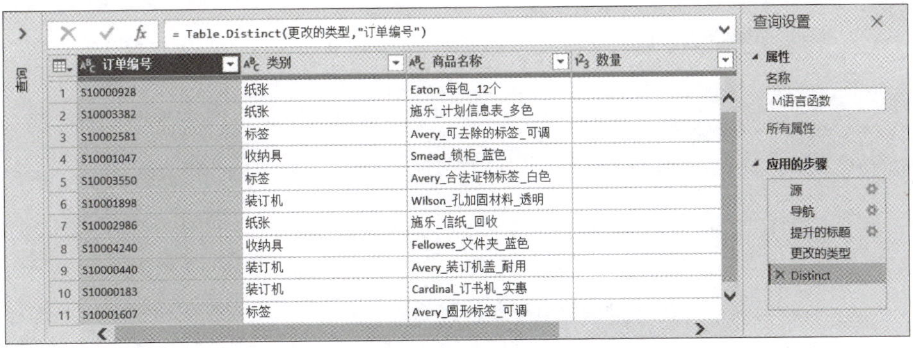

图 3-8　Table.Distinct 函数结果

（5）Table.ReplaceValue

函数：Table.ReplaceValue。

语法：Table.ReplaceValue(table as table, oldValue as any, newValue as any, replacer as function,columnsToSearch as list) as table。

说明：在table查询表中，将oldValue替换为newValue，其中：table为输入表；oldValue为等替换的旧值；newValue为替换结果的新值；replacer为替换规则；Replacer.ReplaceValue为替换完整值；Replacer.ReplaceText为替换字符串；columnsToSearch为每次迭代中要保留的行数。例如：将"商品名称"中的"施乐"替换为"Xerox"。

```
let
    源 = Excel.Workbook(File.Contents("D:\PowerBI数据分析从小白
到高手\ch03\3.1 M语言基础.xlsx"), null, true),
    M语言函数_Sheet = 源{[Item="M语言函数",Kind="Sheet"]}[Data],
    提升的标题 = Table.PromoteHeaders(M语言函数_Sheet,
[PromoteAllScalars=true]),
    更改的类型 = Table.TransformColumnTypes(提升的标题,{{"订单编
号", type text}, {"类别", type text}, {"商品名称", type text},
{"数量", Int64.Type}, {"销售额", type number}}),
    ReplaceValue=Table.ReplaceValue(更改的类型,"施乐","Xerox",
Replacer.ReplaceText,{"商品名称"})
    in
        ReplaceValue
```

函数结果如图3-9所示。

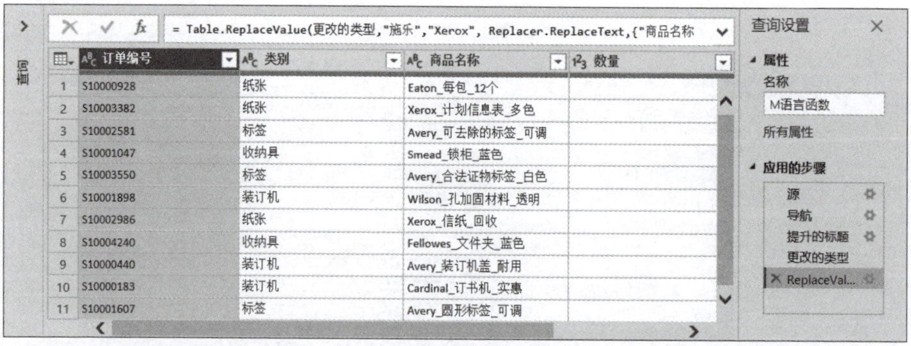

图3-9　Table.ReplaceValue 函数结果

⭕ （6）Table.RemoveRows

函数：Table.RemoveRows。

语法：Table.RemoveRows(table as table, offset as number, optional count as nullable number) as table。

说明：从table查询表中从偏移位置offset开始删除count指定的行数；如果不指定count，则默认删除offset位置的1行。例如：删除表中从第三行后共5行的数据。

```
let
    源 = Excel.Workbook(File.Contents("D:\PowerBI数据分析从小白
到高手\ch03\3.1 M语言基础.xlsx"), null, true),
    M语言函数_Sheet = 源{[Item="M语言函数",Kind="Sheet"]}[Data],
    提升的标题 = Table.PromoteHeaders(M语言函数_Sheet,
[PromoteAllScalars=true]),
    更改的类型 = Table.TransformColumnTypes(提升的标题,{{"订单编
号", type text}, {"类别", type text}, {"商品名称", type text},
{"数量", Int64.Type}, {"销售额", type number}}),
    RemoveRows=Table.RemoveRows(更改的类型,3,5)
in
    RemoveRows
```

函数结果如图3-10所示。

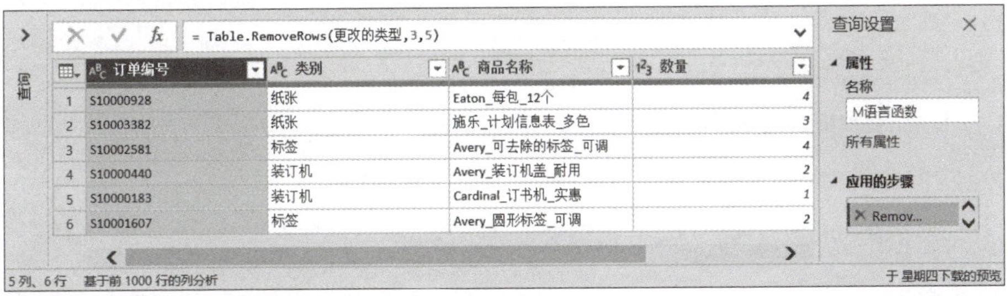

图3-10　Table.RemoveRows 函数结果

○ （7）Table.RemoveColumns

函数：Table.RemoveColumns。

语法：Table.RemoveColumns(table as table, columns as any, optional missingField as nullable MissingField.Type) as table。

说明：从table查询表中删除指定的列。

MissingField.Type参数说明如表3-6所示，缺省时为MissingField.Error。

表 3-6　MissingField.Type参数说明

参数	说明	值
MissingField.Error	若无此字段，则错误警告	0
MissingField.Ignore	若无此字段，则忽略错误	1
MissingField.null	若无此字段，则返回 null	2

例如：删除表中"类别"和"数量"两个字段。

```
let
    源 = Excel.Workbook(File.Contents("D:\PowerBI数据分析从小白
到高手\ch03\3.1 M语言基础.xlsx"), null, true),
    M语言函数_Sheet = 源{[Item="M语言函数",Kind="Sheet"]}[Data],
    提升的标题 = Table.PromoteHeaders(M语言函数_Sheet,
[PromoteAllScalars=true]),
    更改的类型 = Table.TransformColumnTypes(提升的标题,{{"订单编
号", type text}, {"类别", type text}, {"商品名称", type text},
{"数量", Int64.Type}, {"销售额", type number}}),
    RemoveColumns = Table.RemoveColumns(更改的类型,{"类别","数
量"})
  in
    RemoveColumns
```

函数结果如图3-11所示。

图 3-11　Table.RemoveColumns 函数结果

（8）Table.AddColumn

函数：Table.AddColumn。

语法：Table.AddColumn(table as table, newColumnName as text, column-Generator as function,optional columnType as nullable type) as table。

说明：将名称为newColumnName的新列添加到table，可以使用常量，也可以指定columnGenerator函数来计算其他字段的列，支持Text、Number、Date、Time、DateTime等类别的函数应用，columnType可以指定字段的数据类型。例如：表中增加"折扣"列。

```
let
    源 = Excel.Workbook(File.Contents("D:\PowerBI数据分析从小白到高手\ch03\3.1 M语言基础.xlsx"), null, true),
    M语言函数_Sheet = 源{[Item="M语言函数",Kind="Sheet"]}[Data],
    提升的标题 = Table.PromoteHeaders(M语言函数_Sheet, [PromoteAllScalars=true]),
    更改的类型 = Table.TransformColumnTypes(提升的标题,{{"订单编号", type text}, {"类别", type text}, {"商品名称", type text}, {"数量", Int64.Type}, {"销售额", type number}}),
    AddColumn = Table.AddColumn(更改的类型,"折扣",each 0.95)
in
    AddColumn
```

函数结果如图3-12所示。

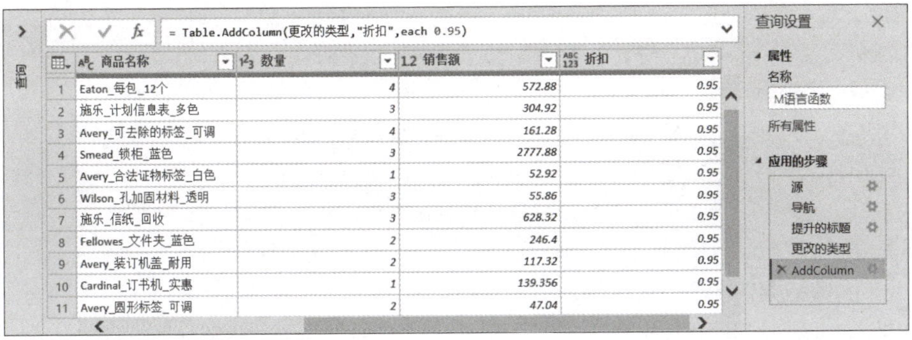

图3-12　Table.AddColumn 函数结果

（9）Table.SplitColumn

函数：Table.SplitColumn。

语法：Table.SplitColumn(table as table, sourceColumns as text, splitter as function, optional columnNamesOrNumber as any, optional default as any, optional extraColumns as any) as table。

说明： 使用指定的拆分器功能，将指定的一列拆分成一组其他列，参数说明如表3-7所示。

表3-7 参数说明

参数	说明
table	输入表
sourceColumns	待拆分的列
splitter	拆分器函数
columnNamesOrNumber	输出结果的列字段名称或返回的列数
default	缺失时返回的值
extraColumns	使用额外的列字段

例如：按下划线"_"拆分表中的商品名称列为"名称1""名称2""名称3"三列。

```
let
    源 = Excel.Workbook(File.Contents("D:\PowerBI数据分析从小白
到高手\ch03\3.1 M语言基础.xlsx"), null, true),
    M语言函数_Sheet = 源{[Item="M语言函数",Kind="Sheet"]}
[Data],
    提升的标题 = Table.PromoteHeaders(M语言函数_Sheet,
[PromoteAllScalars=true]),
    更改的类型 = Table.TransformColumnTypes(提升的标题,{{"订单编
号", type text}, {"类别", type text}, {"商品名称", type text},
{"数量", Int64.Type}, {"销售额", type number}}),
    SplitColumn = Table.SplitColumn(更改的类型, "商品名称",
Splitter.SplitTextByDelimiter("_", QuoteStyle.Csv), {"名称1",
"名称2", "名称3"})
in
    SplitColumn
```

函数结果如图3-13所示。

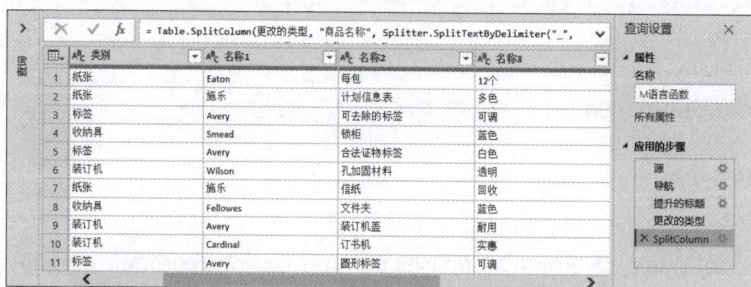

图3-13 Table.SplitColumn 函数结果

（10）Table.PromoteHeaders

函数：Table.PromoteHeaders。

语法：Table.PromoteHeaders(table as table, optional options as nullable record) as table。

说明：将第一行值升级为新的列标题。

options参数说明：promoteAllScalars，如果设置为true，则使用Culture区域设置将第一行中的所有值升级为标题。对于无法转换为文本的值，将使用默认的列名。Culture，区域性名称，"en-us"表示英文地区，"zh-cn"表示中文地区。

例如：将表中的第一行升级为新的列标题。

```
let
    源 = Excel.Workbook(File.Contents("D:\PowerBI数据分析从小白
到高手\ch03\3.1 M语言基础.xlsx"), null, true),
    M语言函数_Sheet = 源{[Item="M语言函数",Kind="Sheet"]}[Data],
    提升的标题 = Table.PromoteHeaders(M语言函数_Sheet,
[PromoteAllScalars=true]),
    更改的类型 = Table.TransformColumnTypes(提升的标题,{{"订单编
号", type text}, {"类别", type text}, {"商品名称", type text},
{"数量", Int64.Type}, {"销售额", type number}}),
    PromoteHeaders=Table.PromoteHeaders(更改的类型)
in
    PromoteHeaders
```

函数结果如图3-14所示。

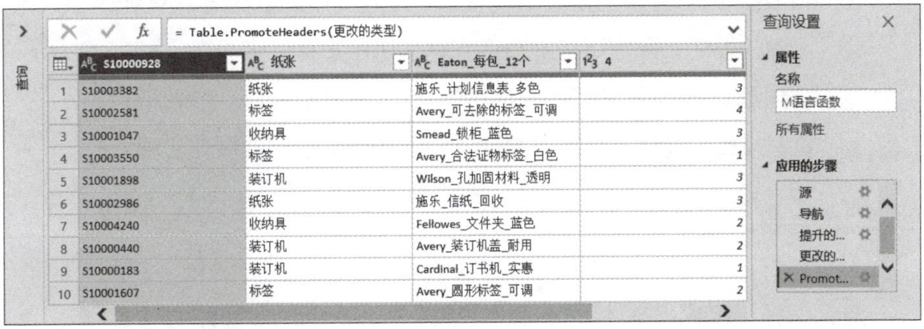

图 3-14　Table.PromoteHeaders 函数结果

3.2　查询编辑器简介

3.2.1　查询编辑器界面

　　Power BI加载数据后，查询编辑器的界面如图3-15所示。该界面通常包含各种功能选项和数据展示区域，方便用户对加载的数据进行进一步的清洗、转换和分析操作，以满足不同的数据分析需求。

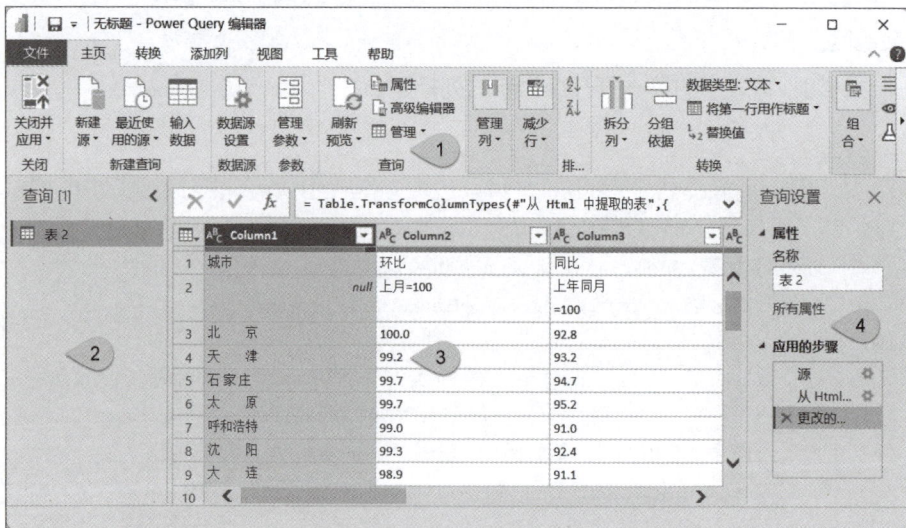

图 3-15　加载数据后的查询编辑器界面

　　建立数据连接后，查询编辑器界面的内容如下：

　　① 功能区：大部分按钮处于活动状态，与查询中的数据进行交互。

　　②"查询"窗格：列出所有的查询数据，可供选择、查看和调整。

　　③ 表格视图：显示已选择的查询中的数据，可以对数据进行调整。

　　④"查询设置"窗格：列出了查询的属性和所有应用的操作步骤。

3.2.2　"菜单栏"选项

　　查询编辑器包含"文件""主页""转换""添加列""视图""工具"和"帮助"7个选项卡。

　　①"文件"选项卡提供了应用、关闭、保存、另存为、选项和设置等。

②"主页"选项卡提供了常见的查询任务，包括任何查询中的第一步获取数据。

③"转换"选项卡提供了对常见数据转换任务的访问，如添加或删除列、更改数据类型、拆分列和其他数据驱动任务。

④"添加列"选项卡提供了与添加列、设置列数据格式，以及添加与"自定义列"相关联的其他任务。

⑤"视图"选项卡用于切换窗格，以及显示高级编辑器。

⑥"工具"选项卡用于步骤诊断、会话诊断和诊断选项。

⑦"帮助"选项卡用于方便用户的使用，提供相关的学习资料和视频，还有软件的学习社区等。

很多功能区中的常用操作可以通过在"数据"窗格中右击字段名，在弹出的下拉框选项中进行选择，这有助于快速进行可视化分析。

3.2.3 "查询"窗格

图 3-16 "查询"窗格

"查询"窗格用于显示处于活动状态的查询，如图3-16所示。当从"查询"窗格中选择一个查询后，其数据会显示在表格视图中，可以调整并转换数据以满足需求。

3.2.4 "查询设置"窗格

"查询设置"窗格用于显示与查询关联的所有步骤，如图3-17所示。"查询设置"窗格中的"应用的步骤"反映了刚刚更改了"环比"列的数据类型。

在"查询设置"窗格中，可以根据需要重命名步骤、删除步骤、对步骤重新排序。要进行此类操作，需要右击"应用的步骤"中的相应步骤，然后从弹出的快捷菜单

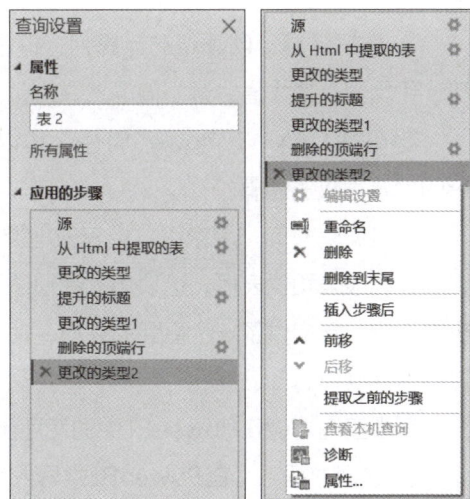

图 3-17 "查询设置"窗格

中选择相应的操作选项，如图3-17所示。

使用Power BI的查询编辑器可以执行一些常用的任务，如调整数据、追加数据、合并数据、对行进行分组等。

3.3　数据处理和转换

3.3.1　主要操作概述

编辑查询功能允许用户直接在Power BI中对获取的数据进行进一步的处理和转换。这些操作包括但不限于：

① 数据清洗：去除重复的数据记录，更正错误的输入等。

② 数据转换：改变数据类型（例如，将文本转换为日期），使用函数进行数据格式化、拆分或合并字段等。

③ 数据整合：将来自不同数据源的数据表合并在一起，进行跨数据表的连接和合并操作。

④ 数据计算：创建新的计算列，根据现有数据创建摘要或统计信息，如总和、平均值、最大值、最小值等。

⑤ 使用DAX：在Power BI中，可以利用数据分析表达式（DAX）进行复杂的计算和数据建模。

通过编辑查询，用户可以更有效地准备和塑造数据，以便在Power BI中创建准确的报表和仪表板。这项功能特别适用于那些需要对数据进行深入挖掘和分析的用户，它提供了一个直观的环境，让用户可以在不编写代码的情况下对数据进行各种操作。

编辑查询功能在Power BI中的使用步骤大致如下：

① 选择数据源：在Power BI中导入数据后，选择要编辑的数据集。

② 进入查询编辑器：单击"编辑查询"按钮或右键选择"编辑查询"选项，

进入查询编辑器。

③ 使用查询工具：在查询编辑器中，可以使用各种工具和选项卡，如"数据""公式"和"关系"等，来执行上述提到的数据操作。

④ 保存并应用：完成查询编辑后，保存更改并关闭查询编辑器，Power BI 会根据查询结果来生成数据模型。

通过这种方式，用户可以灵活地处理数据，创建满足特定需求的数据模型，进而构建出准确的报表和仪表板，做出更明智的决策。

3.3.2 复制数据表

为了演示查询编辑器的数据处理和转换功能，我们从统计网站导入2024年7月70个大中城市二手住宅销售价格指数数据，该数据分为左右两个区域，如表3-8所示。

70个大中城市二手住宅销售价格指数是反映70个大中城市二手住宅销售价格水平总体变化趋势和变化幅度的相对数。这70个城市包括直辖市、省会城市、自治区首府城市（不含拉萨市）和计划单列市（35个），以及其他35个城市。这些城市基本是区域的经济中心，在区域经济发展中发挥着重要作用，其二手住宅市场具有较强的代表性和影响力。

表3-8　2024年7月70个大中城市二手住宅销售价格指数数据

城市	环比	同比	1～7月平均	城市	环比	同比	1～7月平均
	上月 =100	上年同月 =100	上年同期 =100		上月 =100	上年同月 =100	上年同期 =100
北京	100.0	92.8	93.3	南京	99.9	91.0	90.6
天津	99.2	93.2	95.2	杭州	99.6	94.1	94.6
石家庄	99.7	94.7	96.4	宁波	99.4	89.8	91.8
太原	99.7	95.2	96.0	合肥	99.1	91.7	93.0
呼和浩特	99.0	91.0	93.3	福州	99.0	90.4	92.2
沈阳	99.3	92.4	93.2	厦门	98.2	86.8	89.4
大连	98.9	91.1	92.6	南昌	98.3	89.5	92.9
长春	99.6	93.5	93.9	济南	98.9	91.2	94.2
哈尔滨	99.2	91.8	93.5	青岛	99.2	91.2	92.5
上海	100.1	94.4	93.6	郑州	99.1	91.4	91.9

| 城市 | 环比 | 同比 | 1～7月平均 | 城市 | 环比 | 同比 | 1～7月平均 |
	上月 = 100	上年同月 = 100	上年同期 = 100		上月 = 100	上年同月 = 100	上年同期 = 100
武汉	98.4	86.6	90.0	温州	99.1	89.3	90.9
长沙	99.5	91.6	94.6	金华	98.5	89.2	91.8
广州	99.1	87.6	90.2	蚌埠	99.4	92.3	94.0
深圳	98.8	90.2	92.0	安庆	99.1	91.3	93.3
南宁	99.1	90.8	92.3	泉州	98.4	90.2	92.7
海口	99.1	90.9	92.4	九江	98.6	90.3	92.6
重庆	99.4	91.5	92.4	赣州	99.5	93.4	96.3
成都	99.3	91.4	94.6	烟台	99.0	89.8	91.9
贵阳	99.3	93.2	94.1	济宁	99.6	91.6	93.1
昆明	100.0	94.3	96.0	洛阳	99.3	92.1	93.3
西安	99.4	94.1	95.5	平顶山	99.6	93.2	94.2
兰州	99.1	90.8	92.8	宜昌	99.3	93.3	93.8
西宁	98.6	92.7	95.1	襄阳	99.1	89.9	91.6
银川	99.7	93.8	95.1	岳阳	99.6	94.6	95.4
乌鲁木齐	99.7	94.9	95.5	常德	99.3	91.1	93.8
唐山	98.4	90.3	92.4	韶关	99.3	93.1	94.7
秦皇岛	99.1	90.9	93.1	湛江	98.8	91.5	93.7
包头	98.6	90.9	93.3	惠州	98.9	91.3	93.8
丹东	98.6	90.7	92.8	桂林	99.7	93.0	93.9
锦州	99.1	92.8	94.0	北海	99.5	94.0	95.3
吉林	99.5	93.1	92.9	三亚	99.4	95.5	97.3
牡丹江	98.9	92.2	93.2	泸州	99.2	93.5	95.6
无锡	99.4	91.9	93.2	南充	98.9	92.5	95.5
徐州	99.5	88.1	88.7	遵义	99.4	95.1	95.8
扬州	99.4	91.6	92.4	大理	99.1	92.9	95.0

通常，不同表之间的数据追加操作比较简单，但是这里位于同一张表中，因此需要将原数据复制一张同样的数据表，再进行相应字段的追加。

首先，右击"表2"，在下拉框中选择第二个"复制"选项，然后自动生成"表2（2）"，并将其重新命名为"表1"，如图3-18所示。

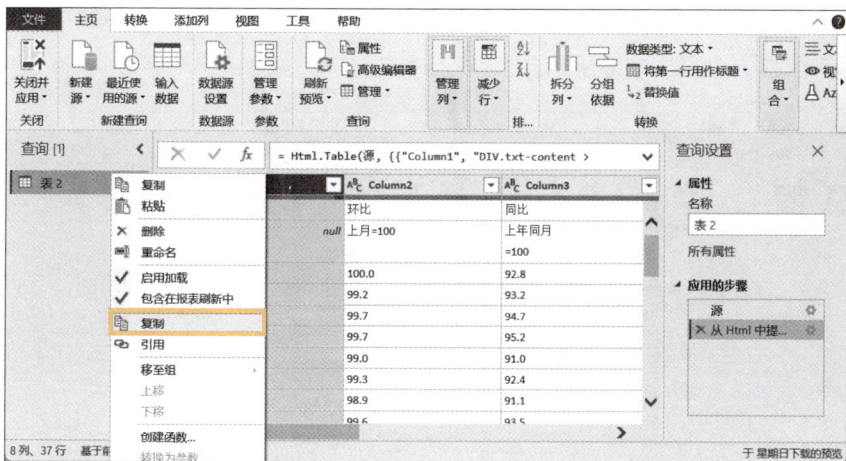

图 3-18　复制数据表

3.3.3　删除不需要的列

分别删除"表1"和"表2"中不需要的列。其中"表1"需要删除Column5、Column6、Column7、Column8列，"表1"需要删除Column1、Column2、Column3、Column4列，如图3-19所示。

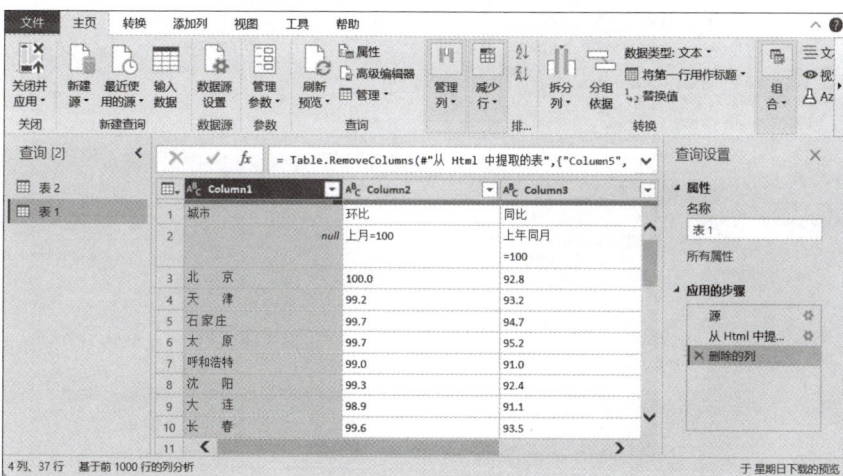

图 3-19　删除不需要的列

3.3.4　调整列的名称

分别在"表1"和"表2"中调整列的名称，具体步骤如下。

单击"主页"选项卡,在"将第一行用作标题"选项的下拉框中选择"将第一行用作标题",如图3-20所示。

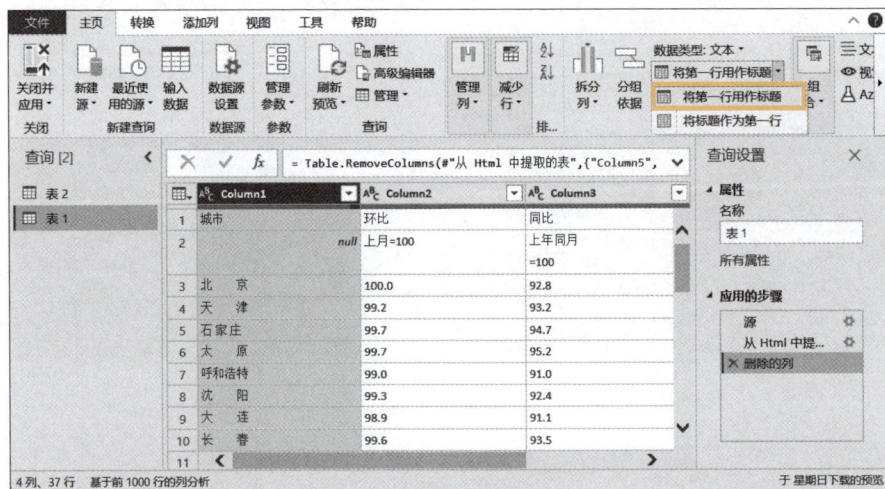

图 3-20　将第一行用作标题

在"应用的步骤"中,单击"更改的类型"左侧的 ✕ ,删除"更改的类型",这是为了进一步调整变量的名称,如图3-21所示。

图 3-21　调整变量的名称

3.3.5　删除不需要的行

在加载的数据中,第一行是相应指标的解释(上月=100,上年同月=100),

因此可以删除第一行数据，单击"主页"选项卡下的"删除最前面几行"选项，如图3-22所示。

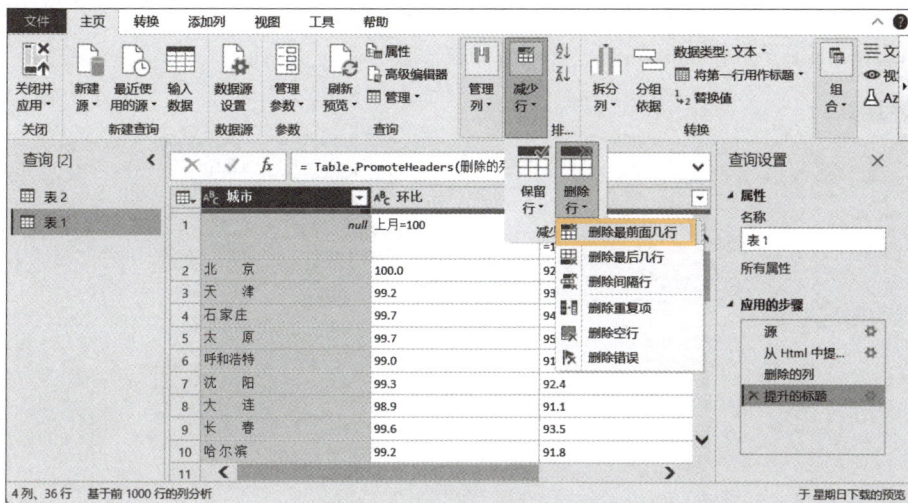

图 3-22　删除不需要的行

在弹出的"删除最前面几行"页面，输入"指定要删除最前面多少行"的行数，这里输入1，如图3-23所示。

图 3-23　删除最前面几行

通过上面的操作，"表1"和"表2"中的字段就调整为"城市""环比""同比""1 ~ 7月平均"，且"表1"是70个大中城市中前35个城市的数据，"表2"是后35个城市的数据。

3.3.6　调整数据类型

查询编辑器加载数据后，对于某个文本类型的字段，例如环比，如果我们需要的是小数类型，那么需要将其转换为整数，右击列名，然后在弹出的下拉框中选择"更改类型"→"小数"即可，如图3-24所示。

如果要选择多列，那么可以先选择一列，然后按Shift键，再选择其他相邻列，右击列名，在下拉框中选择"更改类型"，就可以更改所选中的列，也可以使用Ctrl键选择不相邻的列，并进行修改。

图3-24　使用快捷菜单更改数据类型

还可以将这些列转换为文本，在"转换"功能区单击"数据类型"下拉框，选择下拉框中的"整数"选项即可，如图3-25所示。同理，"同比""1～7月平均"两列的数据类型也调整为小数类型。

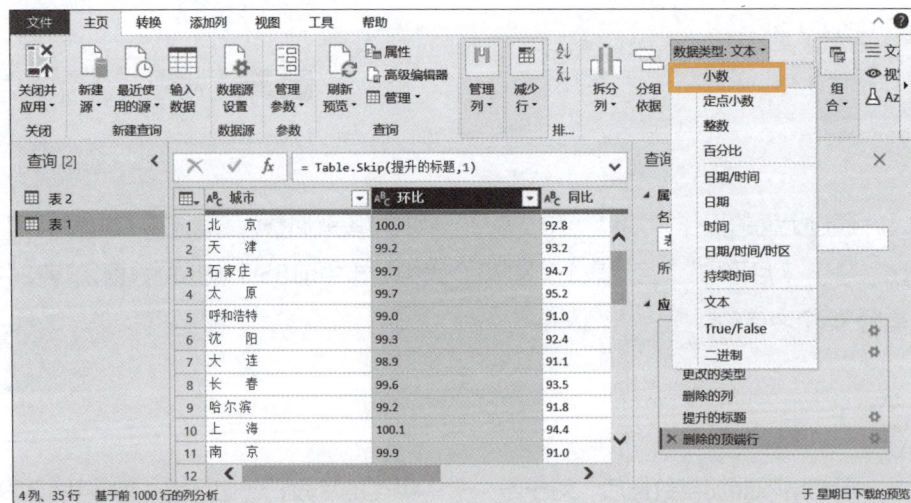

图3-25　使用"转换"功能区更改数据类型

3.3.7　合并数据表

下面将"表1"和"表2"中的数据进行追加合并，具体步骤如下。

单击"主页"选项卡，在"追加查询"选项的下拉框中选择"将查询追加为新查询"，如图3-26所示，如果选择"追加查询"，就在原来的表中追加数据，不生成新表。

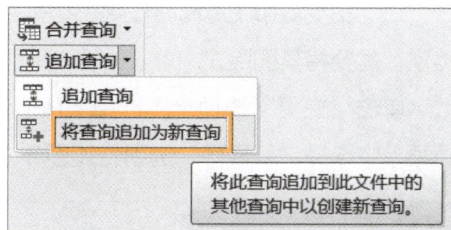

图 3-26　"将查询追加为新查询"

弹出"追加"对话框，在主表中选择"表1"，在要追加到主表的表中选择"表2"，单击"确定"按钮，如图3-27所示。

图 3-27　设置追加表

然后会弹出一张名为"追加1"的新表，它包含所有70个城市的数据，如图3-28所示。

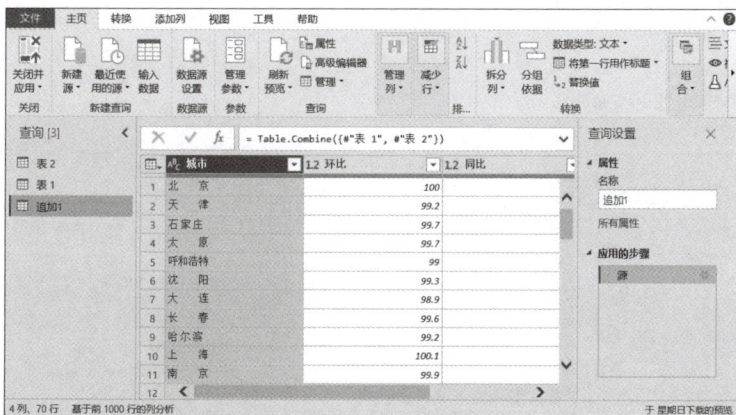

图 3-28　追加数据后的效果

3.3.8 替换清理文本

在"主要城市1月商品住宅价格指数"表的城市名称中含有很多空格，为了美观，需要将其删除。

单击"主页"选项卡，选择"替换值"，或者右击"城市"列，在弹出的快捷菜单中选择"替换值"选项，如图3-29所示。

图 3-29 选择"替换值"

打开"替换值"对话框，在"要查找的值"文本框中输入"   "（两个空格），将"替换为"文本框留空，如图3-30所示，然后单击"确定"按钮，注意这里的"要查找的值"要输入正确。

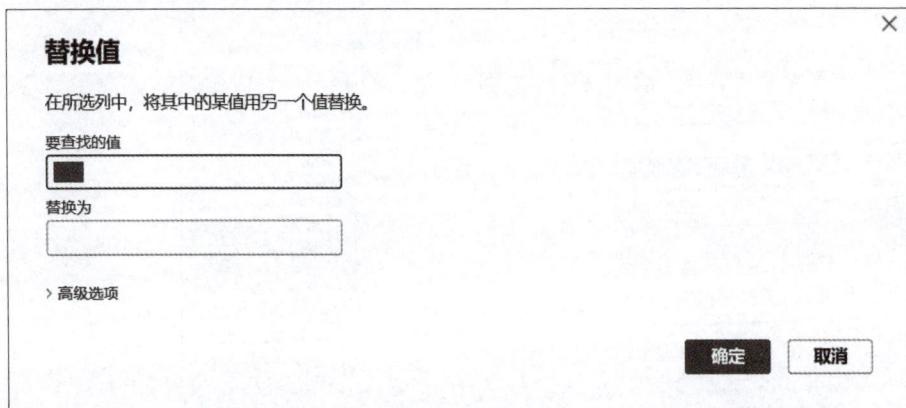

图 3-30 "替换值"对话框

48

用同样的方法，对3个字中的空格再进行清理，例如"石 家 庄"中还存在空格，清理后的最终效果如图3-31所示。然后单击左上方的"关闭并应用"按钮，保存操作结果。

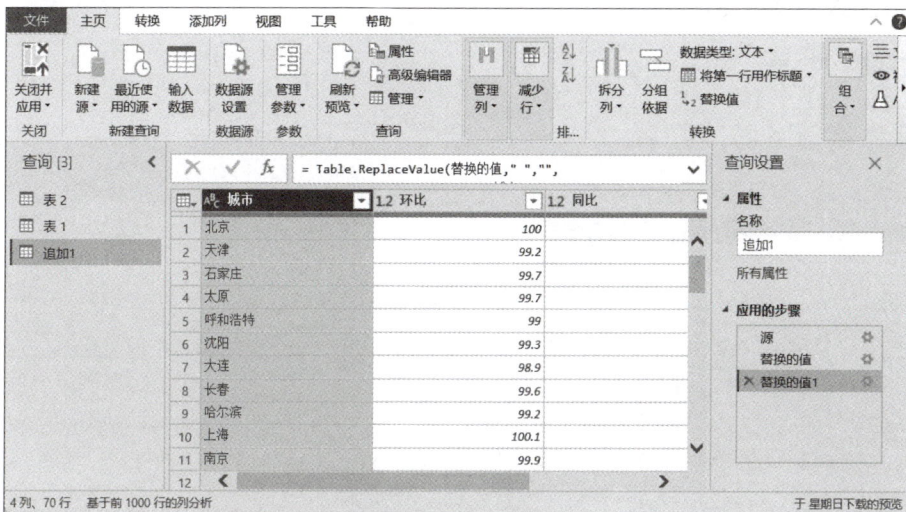

图 3-31　替换值后的数据视图

至此，我们爬取了统计网站2024年7月70个主要城市二手房价格指数数据，并进行了数据清洗处理。

3.4　追加与合并数据

3.4.1　追加数据

追加数据指的是在已存在的数据表基础上增添新的记录。在进行追加操作时，要求涉及的两张表必须具备相同的字段属性。这意味着两张表的字段名称、数据类型、字段长度等方面都要保持一致。只有这样，才能确保新添加的记录能够正确地融入原有数据表中，避免出现数据不匹配或错误插入的情况。

下面将通过实际案例介绍追加数据，具体操作步骤如下。

首先，打开被追加的数据表"客服中心10月份来电记录表.xlsx"，如图3-32所示。然后打开需要追加的数据表"客服中心11月份来电记录表.xlsx"，如图3-33所示。

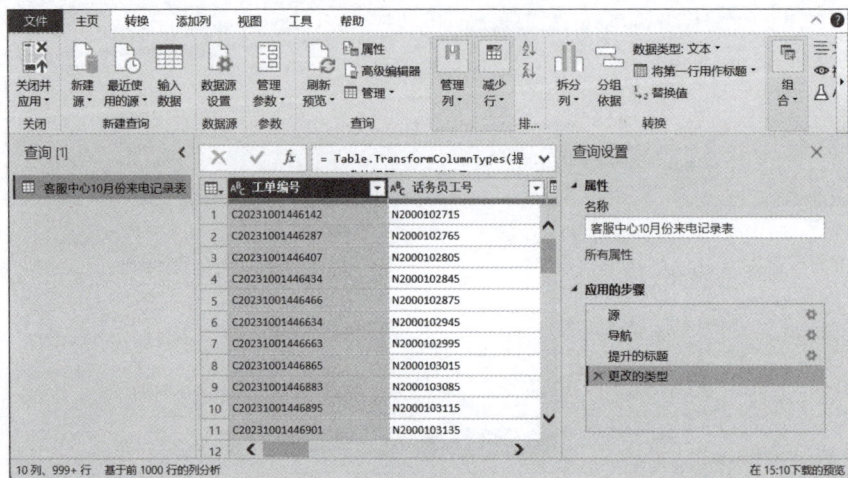

图 3-32　导入被追加的数据表

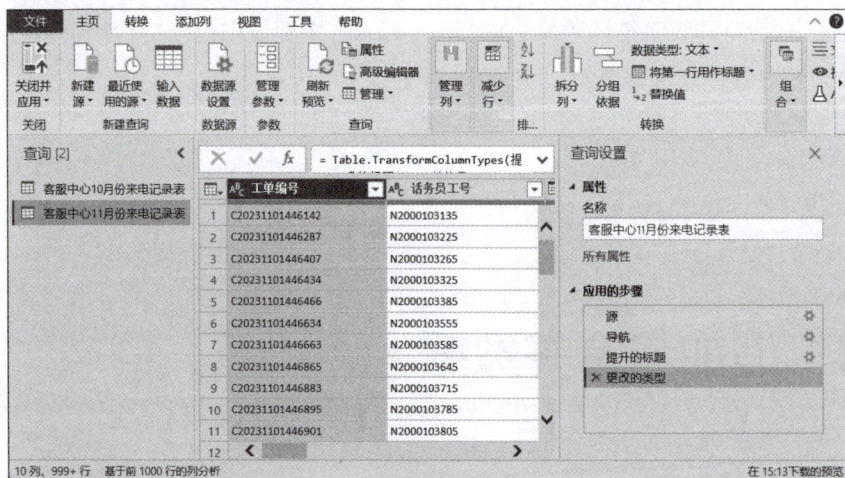

图 3-33　导入需要追加的数据表

从查询编辑器左侧的"查询"窗格中选择需要追加的数据，例如"客服中心10月份来电记录表"，然后在"主页"选项卡中单击"组合"，在下拉框中选择"追加查询"选项。打开"追加"对话框，在"要追加的表"下拉框中选择"客服中心11月份来电记录表"，如图3-34所示。

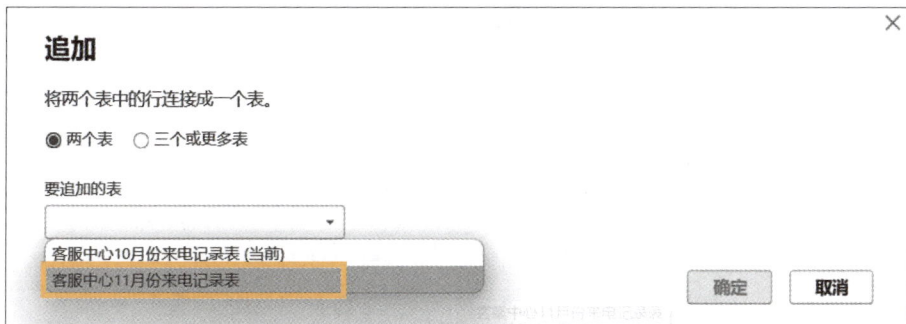

图 3-34 选择要追加的表

最后单击"确定"按钮即可，追加后的表格视图如图3-35所示。

图 3-35 追加后的表格视图

3.4.2 合并数据

合并数据是一种将新的信息整合到已有的数据表中的操作。具体来说，就是向已有的数据表中添加新的字段。这一过程类似于在MySQL等数据库管理系统中进行表之间的连接操作。

当进行合并数据时，首先要确保合并的依据合理且准确。通常会根据特定的字段，如共同的主键或具有唯一标识性的字段，来确定哪些记录应该被合并在一起。

下面将通过实际案例介绍合并数据，具体操作步骤如下。

导入"客服中心11月份来电记录表.xlsx"和"客服中心11月份话务员考

51

核表.xlsx"数据表，如图3-36所示。

图 3-36　导入数据表

　　在查询编辑器左侧的"查询"窗格中选择想要合并的查询，例如"客服中心11月份来电记录表"，然后在"主页"选项卡中单击"合并查询"下拉列表，选择"合并查询"选项。弹出"合并"对话框，在"要合并的表"下拉框中选择"客服中心11月份话务员考核表"，如图3-37所示。

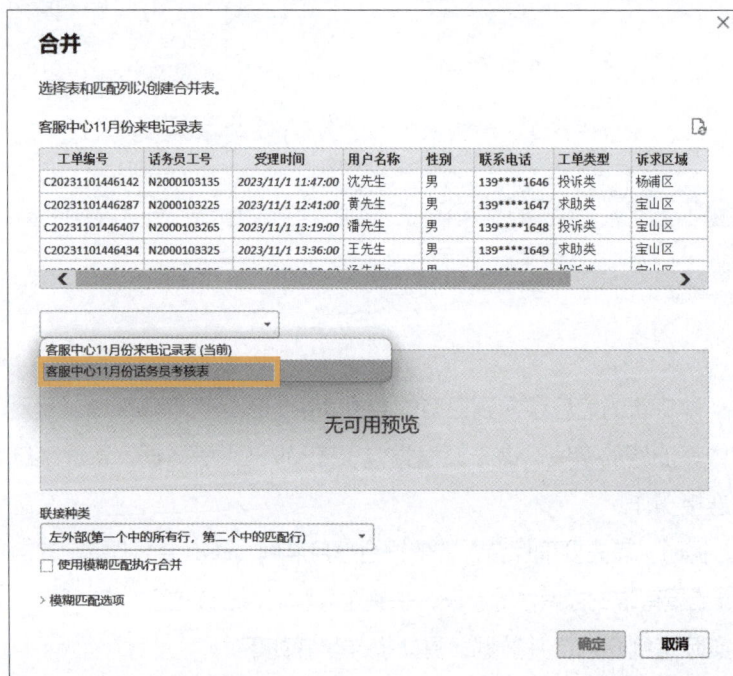

图 3-37　选择要合并的表

在"联接种类"下拉框中选择连接选项，并选择"客服中心11月份来电记录表"中的"话务员工号"字段，这里的连接类型类似MySQL的左连接，如图3-38所示。

图 3-38 设置"联接种类"

单击"确定"按钮后，第二张表中的数据就会被合并到第一张表中，如图3-39所示。

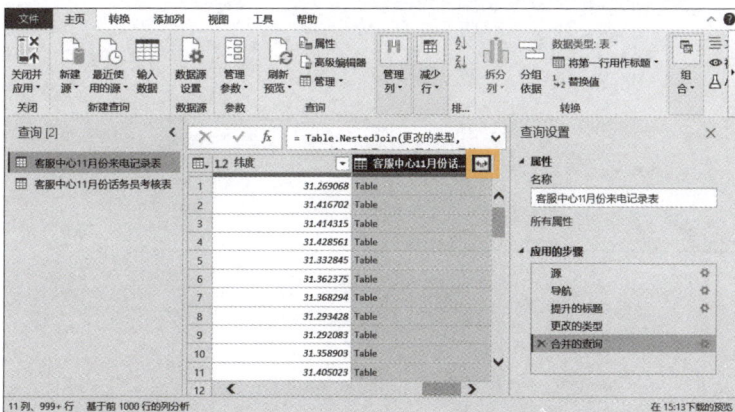

图 3-39 合并两张表

如果要查看合并后的数据，那么单击 ᐦᴴᐦ 图标即可，如图3-40所示。

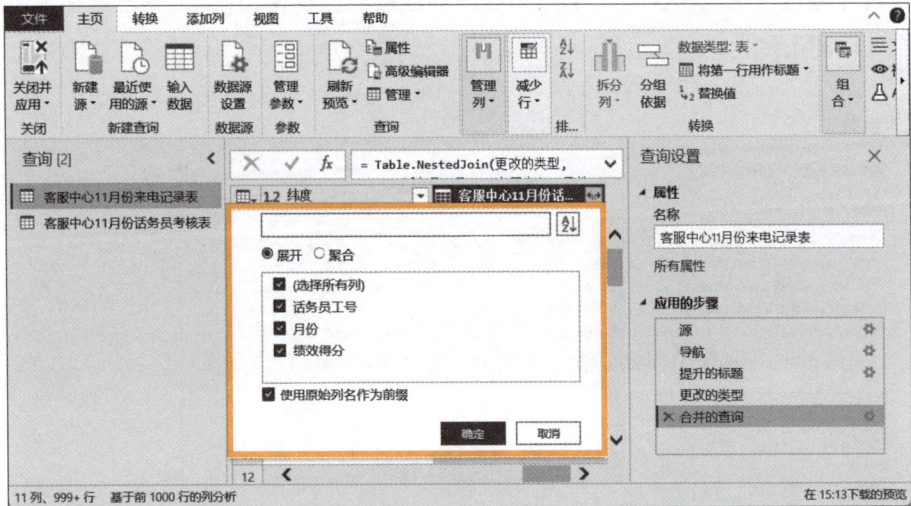

图 3-40　展开窗口

勾选"使用原始列名作为前缀"复选框，然后单击"确定"按钮，即可显示合并的数据，如图3-41所示。

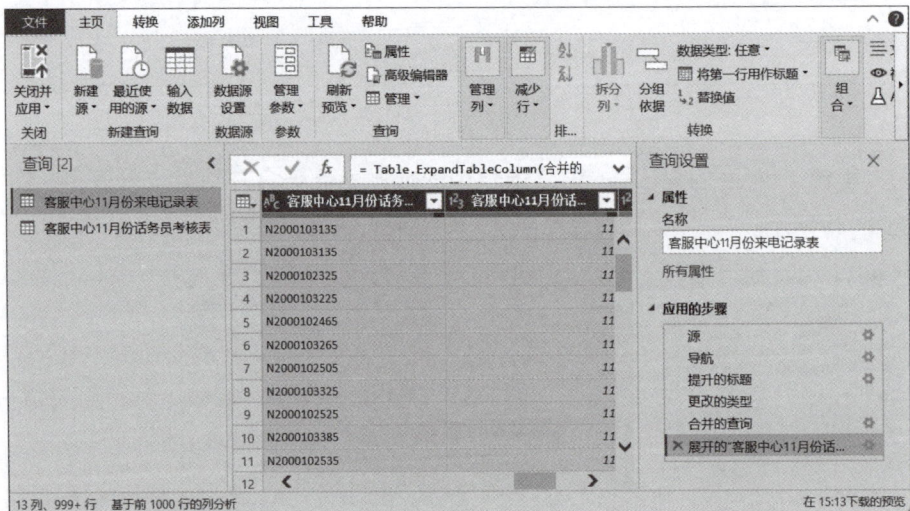

图 3-41　合并完成

3.5　数据分类汇总

数据分类汇总是一种对数据进行整理和分析的重要方法。它通过将数据按照特定的分类标准进行分组，然后对每组数据进行汇总计算，以便更好地理解数据的特征和分布情况。

在进行数据分类汇总时，首先需要确定合适的分类标准。分类标准可以根据数据的性质、用途或研究目的来选择。例如，可以按照时间、地区、产品类型、客户群体等进行分类。

下面将通过实际案例介绍数据分类汇总。例如，导入"客服中心11月份来电记录表.xlsx"，分析11月份每个区的工单量有多少。

选择"商品类别"列，然后单击"转换"功能区中的"分组依据"按钮或"主页"选项卡下的"分组依据"按钮，如图3-42所示。

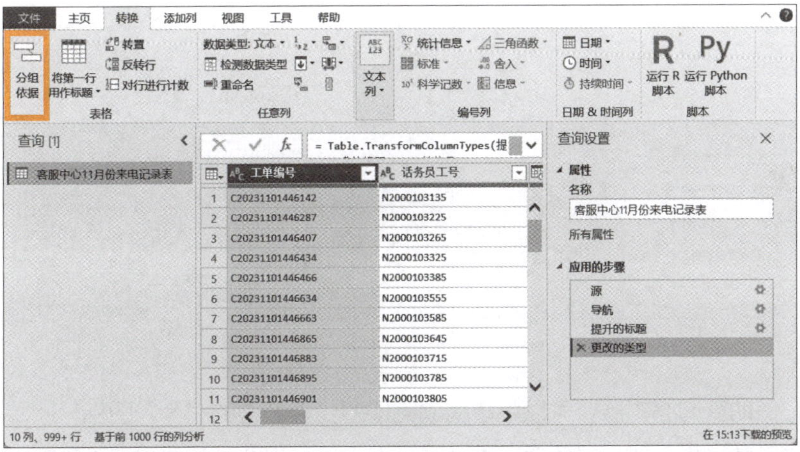

图 3-42　单击"分组依据"按钮

这时会弹出"分组依据"对话框，当查询编辑器对行进行分组时，会创建一个新列名，这里命名为"工单量"，操作类型选择"对行进行计数"，"分组依据"选择"诉求区域"，如图3-43所示。

> **注意**　"分组依据"中的操作包括8种类型，如图3-44所示。

55

图 3-43　"分组依据"对话框

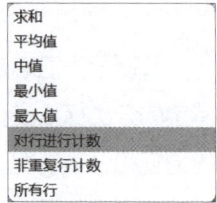

图 3-44　8种操作类型

单击"确定"按钮后，将返回分组统计的结果，显示每个区在11月份的客户来电工单总量，如图3-45所示。

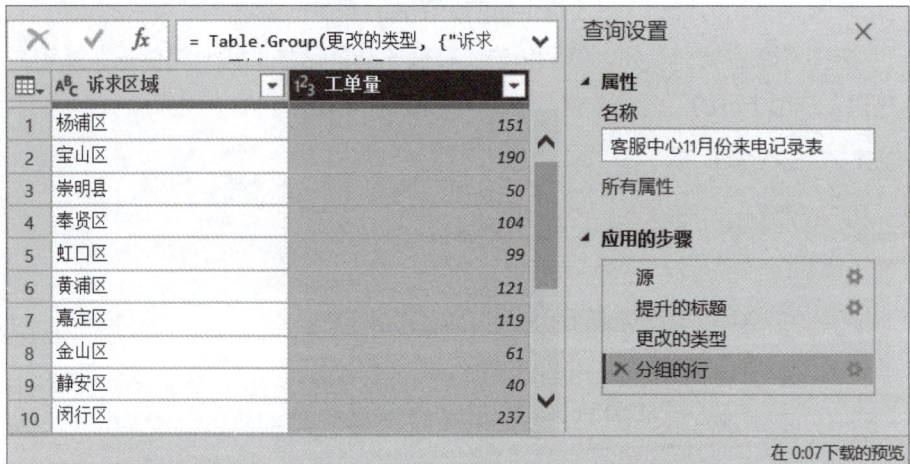

图 3-45　执行分组依据

此外，借助查询编辑器，可以单击刚刚完成的步骤旁边的"×"图标，删除最后一次的调整操作，如果对结果不满意，那么可以恢复此前的任意操作步骤。

4

Power BI
基础操作

▼

前面的章节已经介绍了一些Power BI的基础知识，本章将
深入介绍表的创建及其管理、筛选器及其操作、切片器及其操
作、Power BI与R的协同等，这是后续进行Power BI数据可视
化分析的基础。

4.1 表的创建及其管理

4.1.1 表与表之间的关系类型

Power BI是一种强大的数据分析工具,它允许用户通过创建视觉化的报表和仪表板来分析数据。在Power BI中,表与表之间的关系是构建准确、高效数据分析模型的基础。以下是Power BI中常见的4种表与表之间的关系类型,并通过实际案例进行介绍。

(1)一对一关系(1:1)

当两个表中的一个表的每一行只与另一个表的一行匹配时,存在一对一关系。

案例: 假设有两个表,一个是"员工信息表",包含员工的姓名、ID和部门;另一个是"员工绩效表",包含员工的ID、绩效评分和评价日期。员工ID在两个表中都是唯一的,因此这两个表之间可以建立一对一关系。

(2)一对多关系(1:M)

当一个表中的一行与另一个表的多行匹配时,存在一对多关系。

案例: 在"订单表"和"订单详情表"之间通常存在一对多关系。一个订单可以包含多个订单详情(即多个产品),但每个订单详情只属于一个订单。因此,"订单表"中的每条订单记录在"订单详情表"中可以对应多条记录。

(3)多对一关系(M:1)

当一个表中的多行与另一个表的一行匹配时,存在多对一关系。

案例: 一个订单可以包含多个商品,但每个商品订单只属于一个订单。因此,订单表中的"商品ID"与商品信息表中的"商品ID"之间是多对一关系。

(4)多对多关系(M:M)

当两个表中的多行在另一个表中匹配多行时,存在多对多关系。

案例: 在"学生表"和"课程表"之间可能存在多对多关系。一个学生可以选修多门课程,而一门课程也可以被多个学生选修。为了在Power BI中建立这种关系，通常需要创建第三个表，即"学生课程关联表"，它将学生ID和课程ID关联起来，从而在"学生表"和"课程表"之间建立多对多关系。

4.1.2　创建表之间的数据关系

● （1）自动创建关系

Power BI在加载多个数据源时，软件会自动查找是否存在潜在关系：若存在，则尝试查找并创建关系，自动设置基数和交叉筛选方向等；若无法确定存在的匹配项，则不会自动创建关系，但是仍可以使用"管理关系"对话框来创建或编辑关系。

下面通过具体案例详细介绍创建表之间的数据关系。

导入数据"订单明细表.xlsx"和"供应商信息表.xlsx"，使用自动检测功能创建关系，在"建模"选项卡中单击"管理关系"按钮，如图4-1所示。

图 4-1　管理关系

在弹出的"管理关系"对话框中，显示所有可用的关系，单击"自动检测"按钮，软件会自动检查数据表之间的所有关系，如图4-2所示。

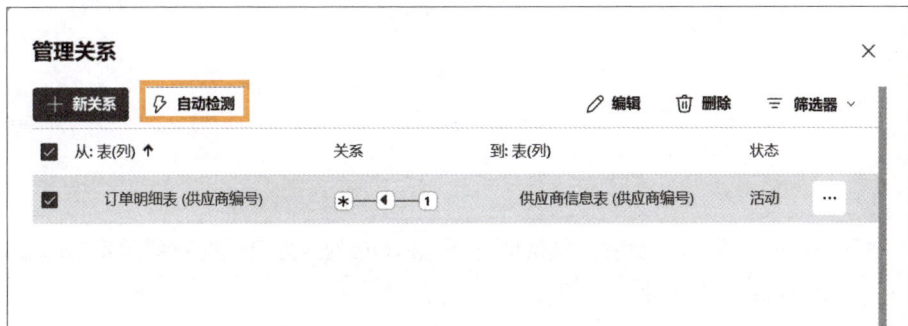

图 4-2　自动检测

59

（2）手动创建关系

用户也可以手动创建关系，在"管理关系"对话框中单击"新关系"按钮可以新建关系，如图4-3所示。

图4-3　新建关系

打开"新关系"对话框，包括从表、到表、基数、交叉筛选器方向等设置，如图4-4所示。

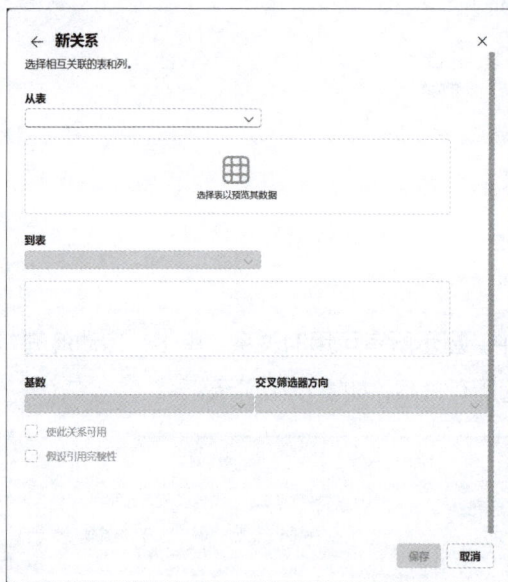

图4-4　设置关系

在设置好从表和到表后，默认情况下，Power BI会自动配置新关系的基数和"交叉筛选器"的方向。

"基数"包括以下4种：

① 多对一（*:1）：默认类型，即一个表中的列可具有一个值的多个实例，而另一个相关表（常称为查找表）仅具有一个值的一个实例。

② 一对一（1:1）：一个表中的列仅具有特定值的一个实例，而另一个相关表也是如此。

③ 一对多（1:*）：一个表中的列仅具有特定值的一个实例，而另一个相关表具有一个值的多个实例。

④ 多对多（*:*）：一个表中的列可具有一个值的多个实例，而另一个相关表也是如此。

"交叉筛选器方向"分单一和双向两种：

① 单一：意味着连接表中的筛选选项适用于被连接的表格。

② 双向：默认方向。意味着在进行筛选时，两个表被视为同一个表，适用于其周围具有多个查找表的单个表。

此外，如果勾选"使此关系可用"选项，就意味着此关系将用作活动的默认关系。

4.1.3　管理表之间的数据关系

⭕（1）手动编辑关系

对于已经创建的关系，为了满足日常可视化分析的需求，需要进行维护与管理。在"管理关系"对话框中，单击"编辑"按钮，如图4-5所示。在打开的"编辑关系"对话框中，可以调整关系设置，如基数、交叉筛选器方向等。

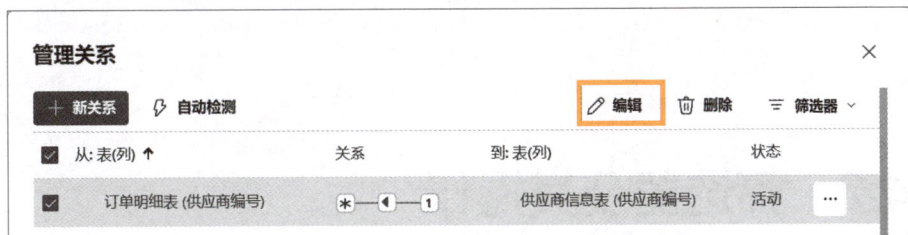

图4-5　编辑关系

⭕（2）手动删除关系

用户可以手动删除关系，可以在"管理关系"对话框中单击"删除"按钮，

61

如图4-6所示。

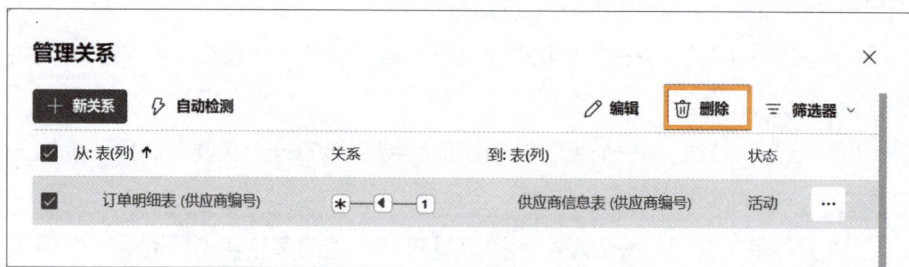

图 4-6　删除关系

（3）手动筛选关系

用户还可以手动筛选关系，可以在"管理关系"对话框中单击"筛选器"按钮，根据基数和交叉筛选器方向对关系进行筛选，如图4-7所示。

图 4-7　筛选关系

4.2　筛选器及其操作

4.2.1　筛选器及其类型

筛选器是一种用于对大量数据进行有针对性选择和过滤的工具或机制。在数据分析中，筛选器能帮助数据分析师快速聚焦于特定的数据范围，从而更有效地进行分析和得出结论。在Power BI中，筛选器可保留最关键的数据，而将其他数据删除。

① 聚焦关键数据：帮助用户从庞大的数据集中快速筛选出最关注的部分，集中精力进行分析。例如，在销售数据中，仅筛选出特定产品线或特定时间段的销售数据。

假设一个企业有多种产品，通过筛选出只关注某一类热门产品的销售情况，从而深入分析其销售趋势和表现。

② 数据探索与发现：允许用户以不同的条件和组合进行筛选，便于发现数据中的隐藏模式和异常值。

比如在客户数据中，通过筛选出不同的年龄组、地区和消费习惯的组合，来发现特定客户群体的消费行为特征。

③ 提高分析效率：减少不必要的数据干扰，让分析过程更加简洁高效。

若要分析某个季度的财务数据，使用筛选器直接获取该季度的数据，而无需在整个年度数据中查找和处理。

④ 支持动态分析：可以根据实时需求随时调整筛选条件，实现动态的数据分析。

比如在市场调研数据中，先查看某个城市的情况，然后迅速切换到另一个城市进行对比分析。

⑤ 增强数据可视化效果：与可视化图表结合，使图表展示的内容更具针对性和清晰度。

以库存数据为例，通过筛选不同仓库或产品类别，对应的库存图表能够更清晰地呈现相关信息。

总之，Power BI筛选器是实现精准、高效数据分析的有力工具，能够极大地提升数据分析的质量和价值。

在Power BI中，筛选器主要有3种类型，如图4-8所示。

① 视觉对象级筛选器。即"此视觉对象上的筛选器"，可应用于报表页上的一个视觉对象。如果选择了报表画布上的视觉对象，则会看到视觉对象级筛选器。

② 页面级筛选器。即"此页上的筛选器"，可应用于报表页面上的所有视觉对象。

③ 报表级筛选器。即"所有页面上的筛选器"，可应用于报表中的所有页面。

当创建筛选器时，只需要在"字段"窗格中选择要添加为筛选器的字段，再将它拖放到"筛选器"窗格上的对应区域即可。

4.2.2　视觉对象级筛选器

Power BI视觉对象级筛选器为用户在数据分析和可视化过程中提供了更精细、更具针对性的控制。

首先，具有高度的定制性。用户可以根据具体的视觉对象和分析目标，精确地设定筛选条件。比如，对于一个展示不同产品销售额的柱状图，可以使用视觉对象级筛选器仅显示销售额超过一定数值的产品，或者只呈现特定类别产品的数据。

其次，增强了数据展示的灵活性。假设在同

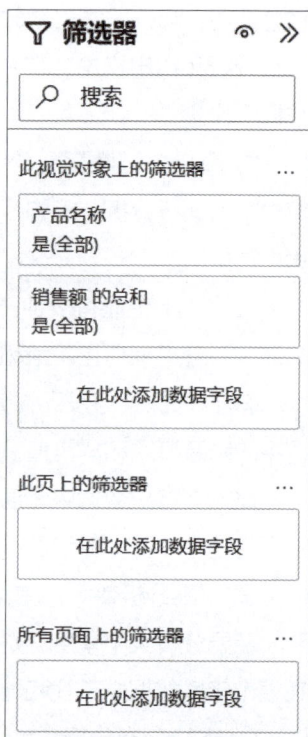

图 4-8　筛选器

一页面中有多个视觉对象，如一个饼图展示不同地区的销售占比，一个折线图展示某产品的月度销售趋势。通过分别设置视觉对象级筛选器，可以让每个图表专注于呈现特定范围或条件的数据，避免信息的混乱和重叠。

再者，有助于深入的数据分析。以销售团队业绩分析为例，在一个表格视觉对象中，通过筛选器可以只显示业绩排名前几位的销售人员数据，进而深入研究他们的表现特点和成功因素。

此外，视觉对象级筛选器还支持动态调整。在分析过程中，如果关注点发生变化，无需重新创建整个报表，只需简单地修改筛选条件，相关视觉对象就会立即更新显示结果。

例如，在一个展示客户年龄分布的直方图中，起初可能关注20～30岁年龄段的客户，通过筛选器进行设置。随后若想查看30～40岁年龄段的情况，只需更改筛选条件即可瞬间得到新的结果。

总之，Power BI视觉对象级筛选器极大地提升了数据分析的效率和深度，使用户能够更轻松地从复杂的数据中挖掘出有价值的信息。视觉对象级筛选器，筛选类型包括高级筛选、基本筛选和前N个,如图4-9所示。

（1）基本筛选

基本筛选器显示字段中所有值的列表,以查找并选择所需的值。例如在搜索框中输入"打印机"关键词,筛选出产品名称中带有"打印机"的所有值,如图4-10所示。

（2）高级筛选

高级筛选器允许同时结合不同的字段和条件,并且能够运用丰富的逻辑运算符来创建高度定制化的筛选规则,如图4-11所示。

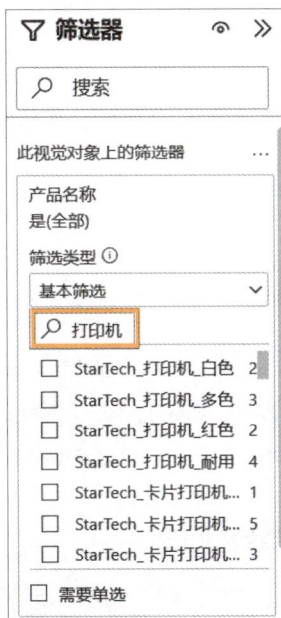

图4-9　筛选类型　　　　图4-10　基本筛选　　　　图4-11　高级筛选

使用高级筛选器可以使用更复杂的筛选项。例如,可以搜索包含或不包含的值,以特定值开头或不以特定值开头的值,如图4-12所示。

（3）前N个

前N个筛选能让我们快速聚焦于数据的头部或尾部。可以选择前N个最大值、最小值,如图4-13所示。假设在分析产品销售的视觉对象中,选择"销售

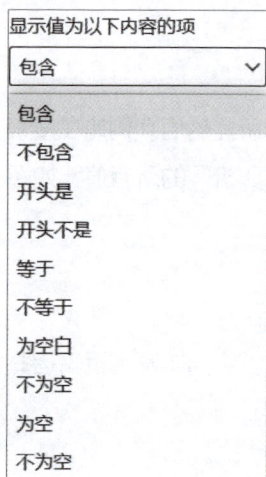

图 4-12　筛选项

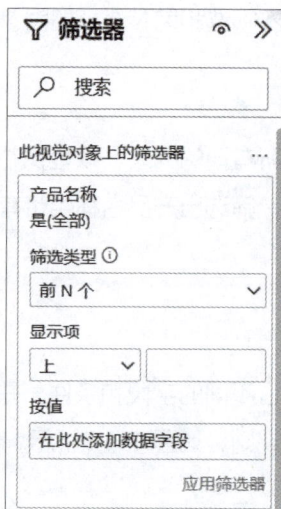

图 4-13　前 N 个

额前6个的产品"，就能迅速了解哪些产品的销售表现最为突出。

4.2.3　筛选器的格式设置

（1）查看视觉对象筛选器

当将视觉对象添加到报表画布后，Power BI 会为视觉对象中的每个字段，自动将筛选器添加到"筛选器"窗格中。可以将鼠标悬停在任意视觉对象之上，以查看影响相应视觉对象的筛选器列表，如图4-14所示。

（2）显示或隐藏"筛选器"窗格

如果不希望报表读者看到"筛选器"窗格，可以单击"筛选器"右侧的"眼睛"图标，如图4-15所示。

当需要更多空间时，可以在编辑报表时隐藏"筛选器"窗格，在"视图"选项卡上，单击"筛选器"按钮可以显示或隐藏"筛选器"窗格，如图4-16所示。

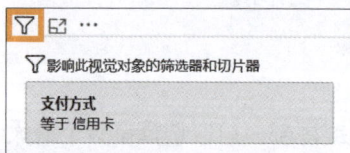

图 4-14　查看视觉对象筛选器

图 4-15　显示或隐藏"筛选器"窗格

（3）锁定或隐藏筛选器

如果锁定某个筛选器，则报表使用者可以查看它，但不能更改它。如果隐藏了筛选器，不会显示在视觉对象的弹出式筛选器列表中，报表使用者甚至无法看到它。

在"筛选器"窗格中，选择或取消选择筛选器卡片中的"锁定筛选器"或"隐藏筛选器"图标，如图4-17所示。

图 4-16　显示"筛选器"窗格　　图 4-17　锁定或隐藏筛选器

（4）对"筛选器"窗格进行排序

"筛选器"窗格中提供自定义排序功能。创建报表时，可以拖放筛选器，以按照任意顺序重新排列它们，默认排序顺序是按字母A ~ Z升序顺序，如图4-18所示。

如果要自定义排序模式，需要将任意筛选条件拖到新位置。例如将"销售额"拖放到"地区"之前，如图4-19所示。

图 4-18　默认排序　　图 4-19　自定义排序

（5）重命名筛选器

重命名筛选器能够提高报表的清晰度和可读性。如果筛选器的名称清晰准确地反映了其筛选的内容，那么使用报表的人员能够更快地理解每个筛选器的作用和目的。重命名筛选器卡片只会更改筛选器卡片中使用的显示名称，如图4-20所示。

（6）筛选器窗格搜索

当面对大量的筛选字段和复杂的数据结构时，搜索功能能够帮助用户快速定位到特定的筛选条件。例如，在一个包含产品类别、产品名称等多种筛选条件的报表中，用户想要找到与产品相关的筛选器，通过输入"产品"关键词，相关的筛选条件就能够迅速找到，如图4-21所示。

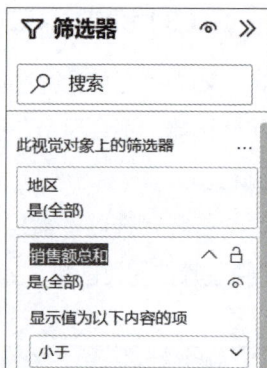

图 4-20　重命名筛选器

默认情况下，"筛选器"窗格的搜索功能处于启用状态，但也可以选择启用或禁用该功能，启用方法是在"选项"对话框的"报表"设置中选择"为筛选器窗格启用搜索"，如图4-22所示。

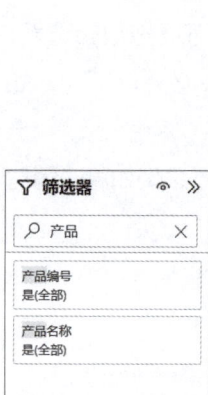

图 4-21　筛选器窗格搜索　　图 4-22　"为筛选器窗格启用搜索"

4.2.4　相对日期范围筛选器

相对日期范围筛选器可以为报表页或整个报表创建相对日期范围筛选器，最大的特点是其相对性和动态性。它不是基于固定的具体日期，而是根据当前的日期来确定筛选的时间段。这种动态的特性使得分析能够始终保持时效性。

例如对商品订单表中的订单日期创建相对日期范围筛选器，首先将"订单日期"字段从"数据"窗格拖动到"筛选器"窗格中的"此页上的筛选器"框中或"所有页面上的筛选器"框中，如图4-23所示。

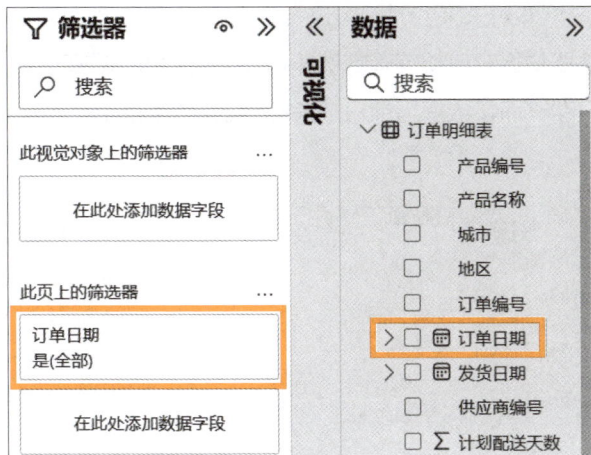

图 4-23　创建筛选器

然后更改相对日期范围，在"筛选类型"下拉列表中选择"相对日期"选项，如图 4-24 所示。

选择"相对日期"后，可在"显示值为以下内容的项"下设置，如图 4-25 所示，分为如下 3 类：

①"在过去"：让用户能够对过去的时间段进行筛选。

②"在现在"：通常指的是当前正在进行的时间段。

图 4-24　相对日期

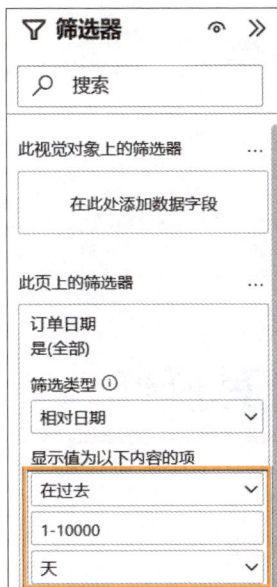

图 4-25　相对日期显示值

③ "在接下来的"：让用户能够对未来的时间段进行预测。

此外，相对时间范围筛选器与相对日期范围筛选器类似，它的核心在于其相对性，不是基于固定的具体日期，而是依据当前日期来确定筛选的时间段，如图4-26所示。

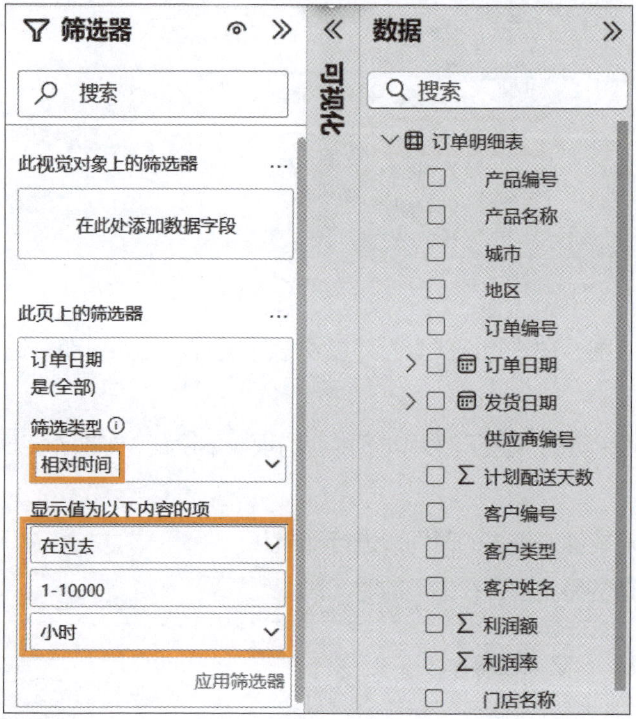

图 4-26　相对时间

4.3　切片器及其操作

4.3.1　切片器及其创建

Power BI切片器是一种直观且高效的数据筛选工具，它以一种可视化和交互性强的方式，允许用户轻松选择和更改筛选条件，从而动态地影响报表中数据的显示。在实际应用中，切片器的用途广泛，例如：在销售数据分析中，使用产品切片器可以快速查看不同产品的销售情况；在人力资源报表中，通过员工职位切片器来分析不同职位的绩效数据。

切片器具有以下显著特点和优势：

① 直观的操作界面：通常以列表、下拉菜单、滑块等形式呈现，用户可以通过简单的单击、拖动或选择来设置筛选条件，无需复杂的操作步骤。

② 多种数据类型支持：能够处理各种数据类型，如数值、文本、日期等。例如，对于日期数据，可以通过选择年、月、日来精确筛选，对于文本数据，可以从下拉列表中选择特定的项目。

③ 实时更新：当用户更改切片器的选择时，与之关联的可视化对象会立即响应，实时展示筛选后的结果，使用户能够快速看到不同筛选条件下的数据变化。

④ 多个切片器组合使用：可以同时使用多个切片器来从不同维度对数据进行筛选。例如，同时使用一个产品类别切片器和一个地区切片器，更精准地聚焦特定的数据子集。

⑤ 增强数据探索：帮助用户更深入地探索数据，发现数据中的隐藏模式和关系。通过不断切换切片器的选项，用户可以从不同角度分析数据，获得更全面的见解。

总之，Power BI切片器通过提供简单、直观和灵活的筛选方式，极大地提升了用户与数据的交互体验，帮助用户更高效地进行数据分析和决策制定。

选择"可视化"窗格中的"切片器"图标来创建新的切片器。例如为不同地区销售额统计报表创建"商品类别"的切片器，选择新切片器后，将"数据"窗格中的"商品类别"字段拖拽到"可视化"窗格中的"字段"选项，如图4-27所示。

Power BI的"视图"功能区上，选择"同步切片器"按钮，如图4-28所示，可以同步"商品类别"切片器，以便影响所有页面上的可视化效果。"同步切片器"窗格显示在"筛选器"和"可视化"效果窗格之间，如图4-29所示。

选择"商品类别"切片器，然后在"同步切片器"窗格中选择"第4页""第5页""第6页""第7页"选项，如图4-30所示。此选择会使"商品类别"切片器显示在"第4页""第5页""第6页""第7页"4个页面上。

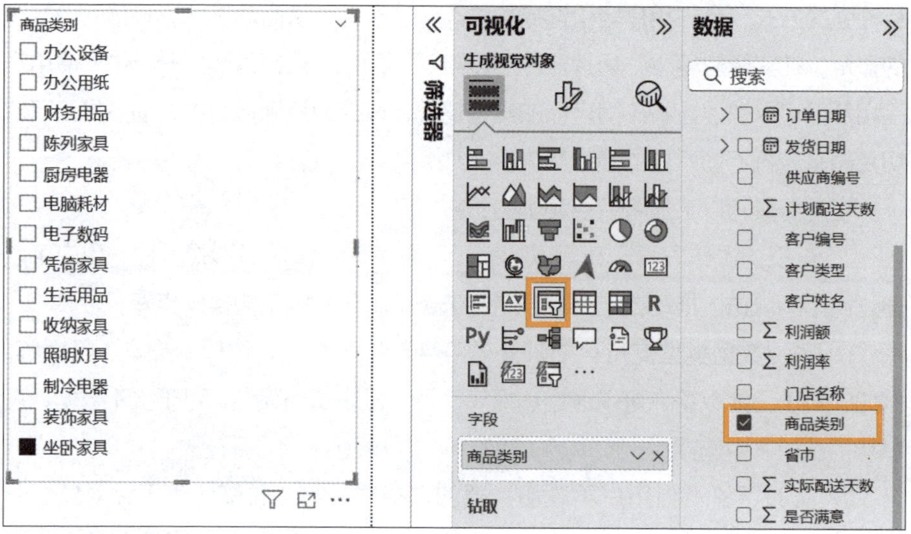

图 4-27　创建切片器

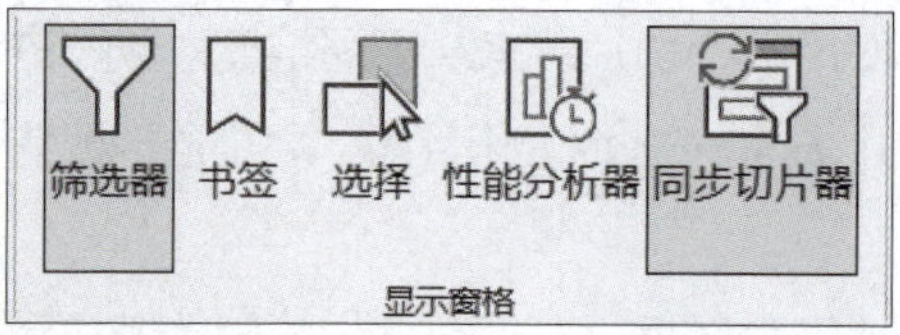

图 4-28　"同步切片器"按钮

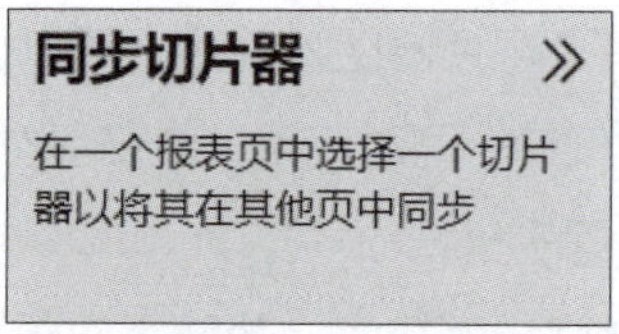

图 4-29　"同步切片器"窗格

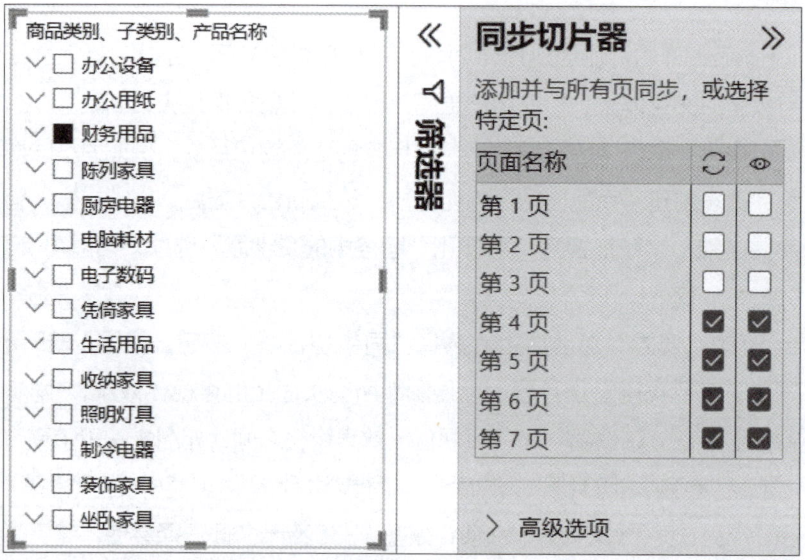

图 4-30　设置"同步切片器"

4.3.2　数字范围切片器

数字范围切片器主要用于对数值型数据进行筛选。它允许用户设定一个数值区间来筛选数据。数字范围切片器在财务分析、库存管理等场景中非常有用。比如在库存管理中，筛选出库存数量在特定范围内的商品，以便进行精准的库存调整。

例如，在销售数据中，可以通过数字范围切片器筛选出销售额在特定区间内的数据，如图4-31所示。

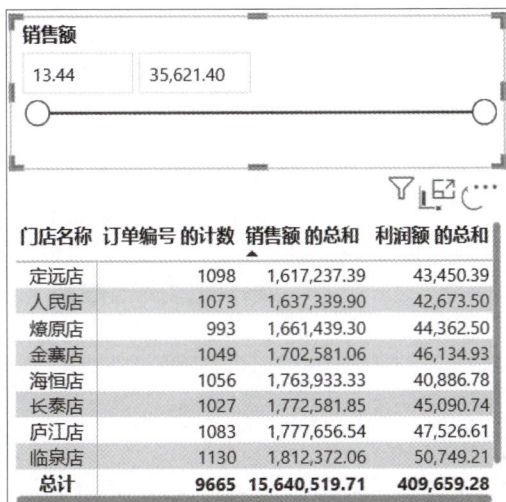

门店名称	订单编号 的计数	销售额 的总和	利润额 的总和
定远店	1098	1,617,237.39	43,450.39
人民店	1073	1,637,339.90	42,673.50
燎原店	993	1,661,439.30	44,362.50
金寨店	1049	1,702,581.06	46,134.93
海恒店	1056	1,763,933.33	40,886.78
长泰店	1027	1,772,581.85	45,090.74
庐江店	1083	1,777,656.54	47,526.61
临泉店	1130	1,812,372.06	50,749.21
总计	**9665**	**15,640,519.71**	**409,659.28**

图 4-31　数值范围切片器

Power BI创建数值范围切片器比较简单，首先为报表创建"切片器"视觉对象，然后选择一个数值作为"字段"值即可，样式默认为"介于"，如图4-32所示。

对于数字范围切片器，样式共有6类，包括：垂直列表、磁贴、下拉、介于、小于或等于、大于或等于。

① 垂直列表：以纵向排列的方式展示数字范围选项，方便浏览众多选项。

② 磁贴：将数字范围以醒目的块状形式呈现，易于快速选择。

③ 下拉：通过单击下拉箭头展开数字范围选项，节省页面空间。

④ 介于：用户自定义输入起始和结束数字来确定范围。

⑤ 小于或等于：用户输入一个数字，筛选出小于或等于该数字的数据。

⑥ 大于或等于：用户输入一个数字，筛选出大于或等于该数字的数据。

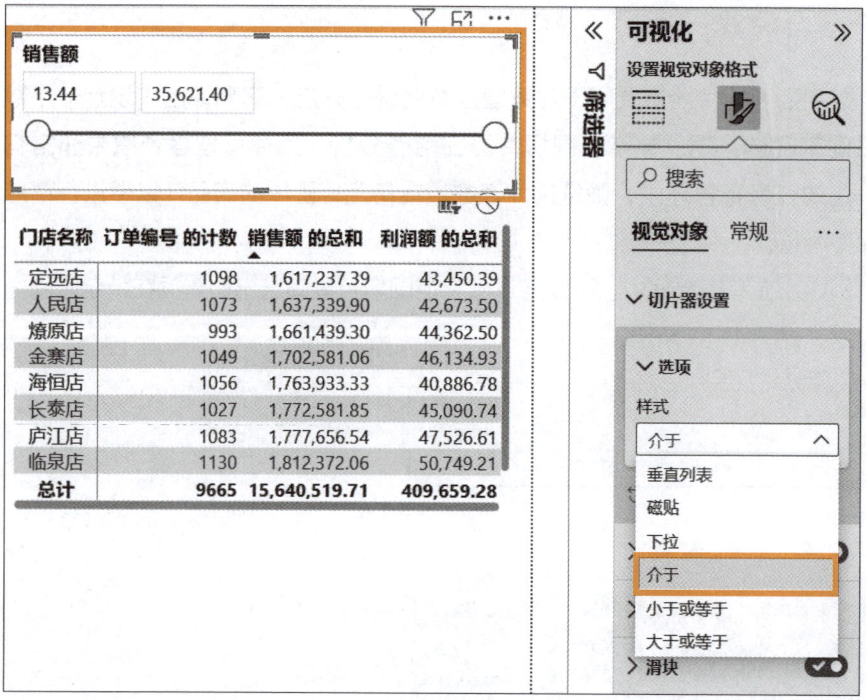

图 4-32　切片器样式

4.3.3　相对日期切片器

借助相对日期切片器或筛选器，可以向数据模型中的任意日期列应用时间筛选器。例如，可使用相对日期切片器，仅显示过去30天（或月、日历月等）的销售数据，刷新数据时，相对日期段会自动应用相应的相对日期约束。

相对日期切片器的使用方法与其他任何切片器的使用方法一样。选择切片器，在"选项"下，将"样式"设置为"相对日期"，如图4-33所示。

然后在日期切片器中进行设置，共有3个设置项，其中第一个设置有"上一段""下一段""当前"3个选项，如图4-34所示。

在相对日期切片器的第二个设置中，输入一个数字来定义相对日期范围。在第三个设置中选择日期度量值，分为天、星期、周（日历）、月、月（日历）、年、年(日历)7个选项。

例如：如果今天是8月17日，在第三个设置中选择"月"，并在第二个设置中输入2，由此切片器约束的视觉对象中包含的数据将显示前两个月的数据，即6月18日到8月17日，如图4-35所示。

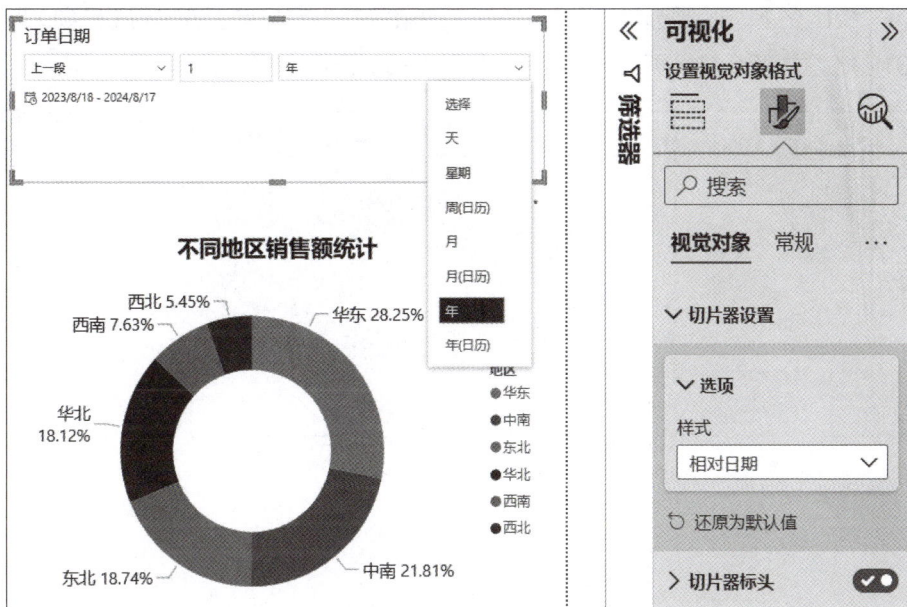

图 4-33　相对日期切片器

图 4-34　切片器第一个设置

图 4-35　切片器第二个设置

相比之下，如果选择"月(日历)"，约束的视觉对象会显示6月1日到7月31日（过去两个整日历月）的数据，如图4-36所示。

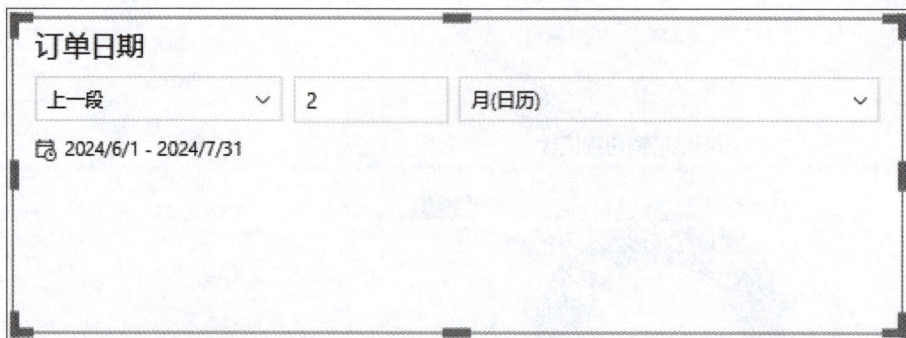

图 4-36　切片器第三个设置

4.3.4　响应式切片器

Power BI响应式切片器是一种能够根据不同设备和屏幕尺寸自动调整其外观和功能的切片器类型，其主要特点包括：

① 自适应布局：根据屏幕的大小和方向，自动优化切片器的展示方式。在大屏幕上可能会以多行多列的形式呈现更多选项，而在小屏幕上布局则会更紧凑，如下拉菜单或折叠式选项。

② 保持交互性：无论在何种设备上，都能确保用户能够方便地进行选择和筛选操作，不会因为屏幕尺寸的变化而影响使用体验。

③ 动态调整字体和图标大小：以适应不同的屏幕分辨率，保证信息清晰可读。

Power BI响应式切片器提升了报表的可访问性和用户友好性，使得数据分析不再受设备和屏幕的限制。

例如：下面介绍将"城市"切片器设置为响应式切片器。首先选择切片器后，在"样式"选项卡下选择"磁贴"选项，如图4-37所示。

然后在"属性"下展开"高级选项"选项，将"响应"设置为开启，如图4-38所示。拖动切片器的边角，可使其变短、变高、变宽及变窄，如果将其调整得足够小，则它会变为一个筛选器图标 ▽ 。

城市

安达	保定	成都	登封	广州	合肥	鸡西	椒江	昆明
安庆	北碚	澄江	邓州	规阳	和龙	吉...	蛟河	拉萨
安顺	北海	赤峰	定陶	桂林	菏泽	即墨	焦作	兰西
安阳	北京	滁州	定州	哈...	鹤壁	济南	界首	兰州
鞍山	本溪	大连	东莞	海口	衡阳	济宁	金昌	廊坊
白城	埠河	大庆	敦化	海林	呼...	济水	晋江	耒阳
白山	昌吉	大同	鄂州	海州	湖州	佳...	荆州	梨树
百色	昌平	郫城	佛山	邯郸	桦甸	嘉兴	景...	黎城
拜泉	常德	淡水	扶余	韩城	怀化	江口	景洪	涟源
蚌埠	常州	德惠	福州	汉沽	淮南	江门	九江	良乡
包头	巢湖	德清	阜阳	汉中	淮阴	江油	开封	辽阳
宝山	朝阳	德阳	富阳	杭州	黄山	姜堰	开通	辽源
宝应	郴州	德州	广元	合川	辉南	胶州	开远	林口

筛选器

可视化
设置视觉对象格式

搜索

视觉对象　常规　…

∨ 切片器设置

∨ 选项

样式
磁贴　∧
垂直列表
磁贴
下拉

使用 CTRL 选择多项

显示"全选"选项

图 4-37　"磁贴"样式切片器

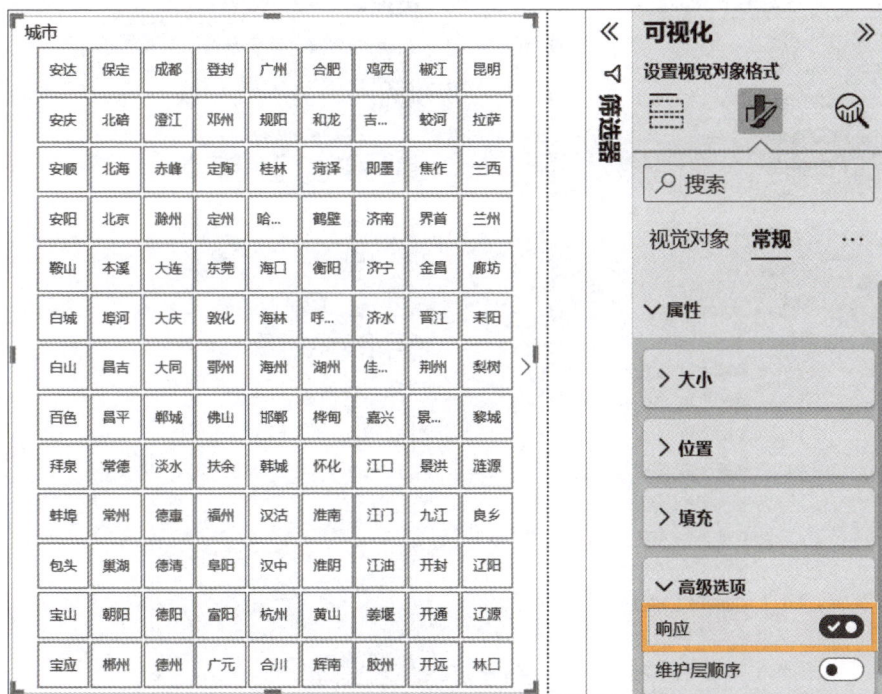

城市

安达	保定	成都	登封	广州	合肥	鸡西	椒江	昆明
安庆	北碚	澄江	邓州	规阳	和龙	吉...	蛟河	拉萨
安顺	北海	赤峰	定陶	桂林	菏泽	即墨	焦作	兰西
安阳	北京	滁州	定州	哈...	鹤壁	济南	界首	兰州
鞍山	本溪	大连	东莞	海口	衡阳	济宁	金昌	廊坊
白城	埠河	大庆	敦化	海林	呼...	济水	晋江	耒阳
白山	昌吉	大同	鄂州	海州	湖州	佳...	荆州	梨树
百色	昌平	郫城	佛山	邯郸	桦甸	嘉兴	景...	黎城
拜泉	常德	淡水	扶余	韩城	怀化	江口	景洪	涟源
蚌埠	常州	德惠	福州	汉沽	淮南	江门	九江	良乡
包头	巢湖	德清	阜阳	汉中	淮阴	江油	开封	辽阳
宝山	朝阳	德阳	富阳	杭州	黄山	姜堰	开通	辽源
宝应	郴州	德州	广元	合川	辉南	胶州	开远	林口

筛选器

可视化
设置视觉对象格式

搜索

视觉对象　常规　…

∨ 属性

〉大小

〉位置

〉填充

∨ 高级选项

响应

维护层顺序

图 4-38　"响应"设置

4.3.5 层次结构切片器

Power BI层次结构切片器是一种强大且实用的工具，用于更精细和有条理地筛选数据。层次结构切片器的主要特点包括：

① 结构化数据展示：它允许按照预先定义的层次结构来组织和展示数据字段。例如，在销售数据中，可以按照"国家 – 省份 – 城市"这样的层次结构来组织地理位置信息。

② 深度筛选：用户能够沿着层次结构逐步深入进行筛选。不仅可以选择顶层的类别，还可以展开并选择更详细的下层级别。

③ 清晰的导航：通常具有直观的展开和折叠功能，方便用户浏览和理解复杂的层次结构。

④ 灵活的选择方式：可以单选、多选各级别的项目，以满足不同的分析需求。

如果要在单个切片器中对多个相关字段进行筛选，可以通过构建"层次结构"切片器来实现，如图4-39所示。

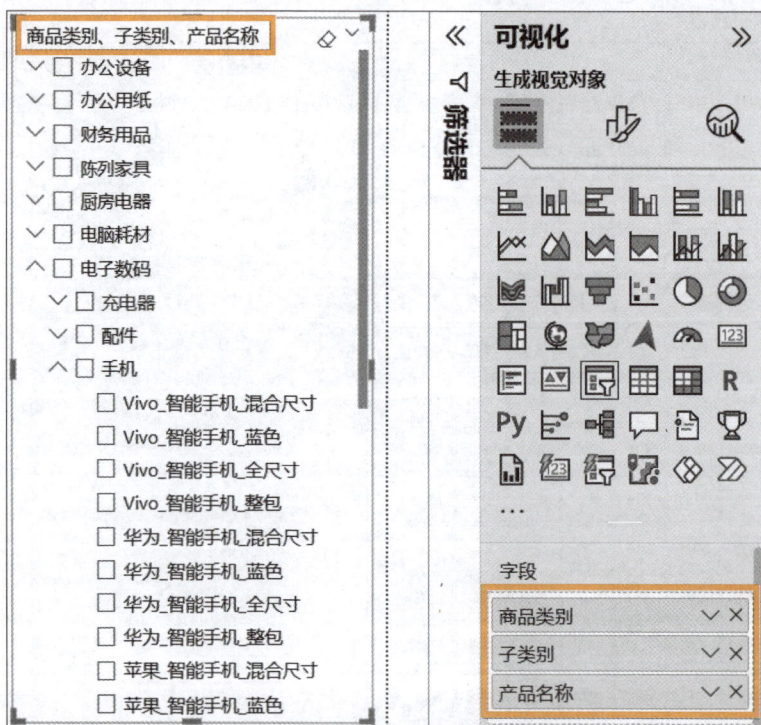

图4-39 "层次结构"切片器

向切片器添加多个字段时，默认情况下，切片器会在可以展开的项旁边显示一个箭头或者 V 形符号，展开这些项可以显示下一级别中的项，如图 4-40 所示。

层次结构切片器具有一些其他格式设置选项。例如更改展开/折叠图标，在"视觉对象"选项卡中，展开"层次结构"选项，如图 4-41 所示，然后展开"展开/折叠"选项，对于展开/折叠图标，可以选择"V形""加/减"或"脱字号"。

图 4-40　展开层次结构

图 4-41　层次结构设置

4.4　Power BI 与 R 的协同

Power BI 与 R 的协同使用为数据分析和可视化带来了更强大的功能和灵活性。本节将介绍为什么需要安装 R、安装及配置 R 开发环境的步骤。读者可扫码有选择性地阅读。

扫码阅读 PDF 文档

5

Power BI
基础视觉对象

▼

Power BI除了默认自带的基础视觉对象外，用户还可以自定义更加丰富的视觉对象。本章将详细介绍Power BI基础视觉对象，包括视觉对象简介、基本设置和基础视觉对象及其案例，使用的数据源是企业的订单明细表。

5.1 基础视觉对象简介

5.1.1 基础视觉对象分类

Power BI 中的基础视觉对象是用于呈现和表达数据的各种图表和图形模板，它们能够以直观的方式展示数据，帮助用户进行数据分析和决策。以下是一些常见的基础视觉对象。

（1）柱状图

柱状图包括簇状柱形图、堆积柱形图和100%堆积柱形图等变体。

例如，在销售数据分析中：使用簇状柱形图对比不同产品的销售额；堆积柱形图展示不同产品类别在不同时间段的累计销售额；100%堆积柱形图则用于呈现各产品类别销售额占总销售额的比例。

（2）折线图

折线图包括折线图、堆积折线图和百分比堆积折线图。

例如：折线图可展示某只股票价格的历史走势；堆积折线图能呈现多种股票的累计价格变化；百分比堆积折线图则突出每种股票价格变化对总体价格变化的贡献比例。

（3）饼图

饼图包括基本饼图和环形图。

例如，在市场份额分析中：饼图直观显示不同品牌在整个市场中所占的份额；环形图则更强调各部分与整体的关系。

（4）条形图

条形图与柱状图类似，但更适合类别名称较长的数据展示。

例如，在对不同地区的销售业绩比较中，使用条形图可以清晰地看到各地区的销售情况。

（5）地图

地图包括填充地图、气泡地图等。

例如，对于销售区域分布的分析：填充地图可根据销售额为不同地区上色，直观展示销售热点和冷点；气泡地图则通过气泡大小表示销售数据的大小。

（6）矩阵

矩阵以表格形式呈现数据，并支持分层结构。

例如，在员工绩效评估中，可以用矩阵展示不同部门员工的各项绩效指标得分。

（7）卡片

卡片简洁地展示单个关键指标。

例如，在仪表盘页面，用卡片展示公司的总销售额。

（8）切片器

切片器用于筛选数据。

例如，通过选择不同的年份、产品类别等，动态筛选出所需的数据进行分析。

5.1.2　如何选择视觉对象

选择合适的Power BI视觉对象需要综合考虑数据的特点、分析目的以及受众需求，以下是一些选择合适视觉对象的建议。

（1）数据类型

① 分类数据。如果数据主要是不同的类别，例如产品类别、地区、部门等，并且想要比较这些类别的数量或比例，柱状图和条形图是不错的选择。

分类数据适合使用饼图或环形图进行可视化分析，这是由于它们更适合展示各分类占总体的比例关系。

② 连续数据。当数据是连续的数值，如销售额、年龄、时间等，折线图可以清晰地展示数据的趋势，直方图能够呈现数据的分布情况。

③ 混合数据（既有分类又有连续）。混合数据是既有分类数据又有连续数

据，通常使用组合图（例如柱状图和折线图的组合）进行可视化分析，这是由于它可以同时展示分类数据的比较，以及连续数据的趋势。

（2）数据量

少量数据（少于10个类别或数据点）：饼图、环形图能够很好地展示比例关系，卡片图可以突出显示关键的少量数据。

中等数据量（10 ~ 20个类别或数据点）：柱状图、条形图能清晰对比各分类的数据。

大量数据（超过20个类别或数据点）：表格可能更适合精确查看详细数据，还可以使用筛选器来聚焦于特定的数据子集。

（3）比较和关系

简单比较：柱状图和条形图能直观地比较不同类别的数据大小。

多维度比较：矩阵可以同时在行和列上进行多个维度的比较。

相关性分析：散点图用于研究两个连续变量之间的关系。

（4）时间序列数据

对于展示随时间变化的数据，折线图是首选，如果要突出特定时间段的数据，还可以使用分区图。

（5）层次结构数据

树状图适合展示具有层次结构的数据，例如组织架构、产品分类层次等。

（6）地理数据

如果数据与地理位置相关，例如不同地区的销售数据，地图视觉对象（如填充地图、气泡地图）能够直观地展示地理分布和数据差异。

（7）目标达成和绩效评估

KPI指标图和仪表盘能够突出显示企业关键绩效指标的达成情况。

（8）数据分布

箱线图有助于了解数据的分布范围、四分位数和异常值，例如分析一家公司不同产品在过去一年的销售业绩，如果主要关注每个产品的销售额并进行比较，簇状柱状图是合适的。若想同时了解销售额的趋势和不同产品的占比，组合图（柱状图显示销售额，折线图显示占比趋势）可能更理想。

总之，根据数据特点选择合适的 Power BI 视觉对象需要综合考虑多个因素，通过不断实践和尝试，可以找到最能有效传达数据信息和支持决策的视觉表达方式。

5.2　视觉对象基本设置

5.2.1　坐标轴

在 Power BI 中，坐标轴是图表的重要组成部分，它用于组织数据和提供视觉上的参考点。坐标轴通常包括水平轴（X轴）和垂直轴（Y轴），它们用来显示不同的数据系列和类别。

在"可视化"窗格，通过单击需要创建的视觉对象类型，然后从数据源中拖拽相应的数据字段添加到视觉对象中，例如创建企业 2023 年各门店销售额统计的堆积柱形图，如图 5-1 所示。

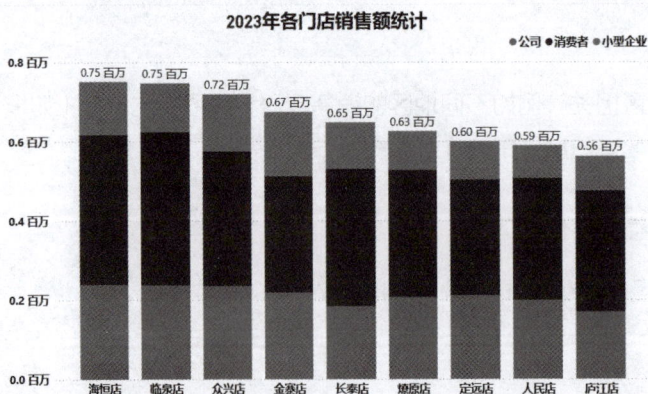

图 5-1　各门店销售额统计

在"可视化"窗格下的"设置视觉对象格式"设置项，可以启用和禁用坐标轴标签等，具体如下。

"X轴"的设置：值（字体、颜色和最大高度）、标题（文本、样式、字体和颜色）、布局（最小类别宽度）等，注意不同的可视化视觉对象可能会有一定的差异，如图5-2所示。

"Y轴"的设置：范围（最小值、最大值）、值（字体、颜色、显示单位和值的小数位）、标题（文本、样式、字体和颜色）等，不同的视图类型也会存在一定的差异，如图5-3所示。

图5-2　"X轴"设置项　　图5-3　"Y轴"设置项

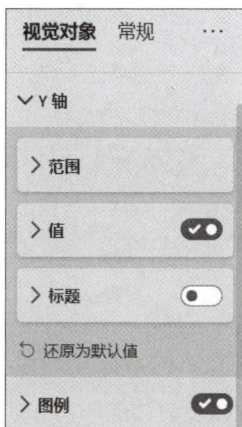

> **注意**　在某些情况下，如果启用了"数据标签"，可能需要禁用Y轴的标签。

5.2.2　图例

在Power BI中，图例是一种视觉元素，它位于图表的顶部或底部，用于解释图表中不同数据系列的颜色、形状或图标。图例可以帮助用户快速识别图表中的各个数据系列，并理解它们之间的关系。

可以在"设置视觉对象格式"设置项的"图例"中设置图例，如果要设置可视化视觉对象的图例，就务必将"图例"设置为"开"，包括选项、文本和标题3个设置项，如图5-4所示。

"选项"设置项可以设置图例的"位置",如图5-5所示,包括靠上左对齐、靠上居中、靠上右对齐、左上角堆叠、右上角堆叠、居中左对齐、居中右对齐、左下方、靠下居中、靠下右对齐10种对齐方式,如图5-6所示。

图5-4 设置图例样式　　　图5-5 "选项"设置项　　　图5-6 对齐方式

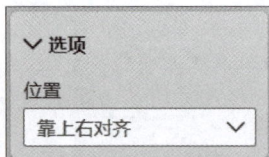

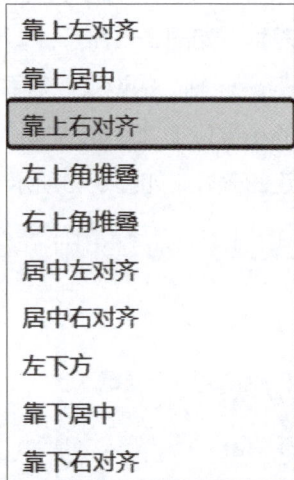

"文本"设置项可以设置图例文本的字体和颜色,如图5-7所示。"标题"设置项可以设置图例是否显示标题以及具体的内容,如图5-8所示。

图5-7 "文本"设置项　　　图5-8 "标题"设置项

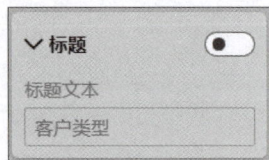

5.2.3 数据标签

在Power BI中,数据标签是一种视觉元素,用于在图表中的数据点旁边显示数据值。数据标签可以帮助用户快速识别图表中的各个数据点,并理解它们之间的关系。

可以在"设置视觉对象格式"设置项的"数据标签"中设置数据标签，如果要设置可视化视觉对象的数据标签，务必将"数据标签"设置为"开"，如图5-9所示。"数据标签"设置项包括将设置应用于、选项和标题等，如图5-10所示。

可以选择"将设置应用于"数据集中的所有或某个数据系列，如图5-11所示。"选项"设置项可以设置数据标签的方向、位置，以及是否溢出文本、是否优化标签显示，如图5-12所示。

图 5-9 设置"数据标签"

图 5-10   "数据标签"
设置项

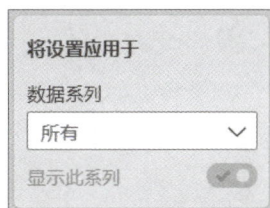

图 5-11   "将设置应用于"
设置项

图 5-12   "选项"设置项

"标题"设置项可以设置数据标签的内容、字体、颜色和透明度等，如图5-13所示。"值"设置项可以设置数据标签所显示的字段、字体、颜色、透明度和显示单位等，如图5-14所示。

"详细信息"设置项可以为数据标签添加其他一些信息，包括数据、字体、颜色、透明度和显示单位等，如图5-15所示。

此外，"背景"设置项可以设置数据标签的颜色和透明度。"布局"设置项可以设置数据标签的排列是多行还是单行，以及水平对齐方式，如图5-16所示。

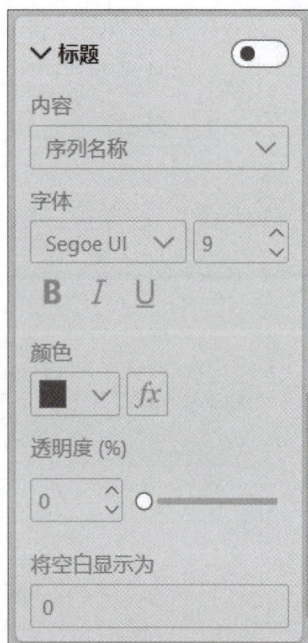

图 5-13　"标题"设置项

图 5-14　"值"设置项

图 5-15　"详细信息"设置项

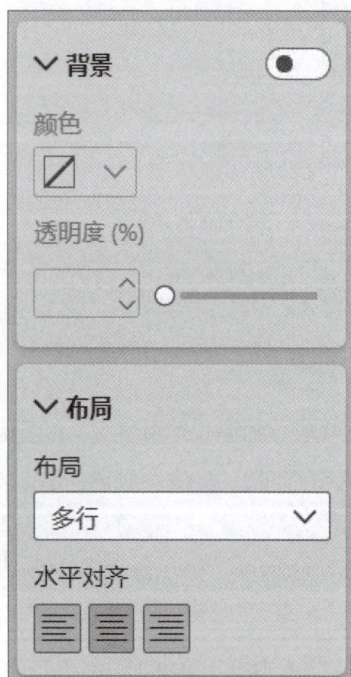

图 5-16　"背景"和"布局"设置项

5.2.4　属性

在Power BI中，可视化属性是指可以调整以自定义和优化图表、仪表板和其他可视化元素外观和行为的各种选项，包括大小、位置、填充和高级选项。

"大小"设置项可以设置视觉对象的高度和宽度，如图5-17所示。"位置"设置项可以设置视觉对象水平位置和垂直位置，如图5-18所示。

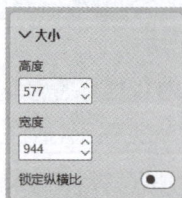

图 5-17　"大小"设置项

88

"填充"设置项可以设置视觉对象的上边距、下边距、左边距、右边距，如图5-19所示。

"高级选项"设置项可以设置视觉对象的响应和维护层顺序，启用"响应"式设计，以适应不同的屏幕大小和分辨率，启用"维护层顺序"选项后，即使可视化元素的大小或位置发生变化，其层顺序也会保持不变。如图5-20所示。

图5-18　"位置"设置项　　图5-19　"填充"设置项　　图5-20　"高级选项"设置项

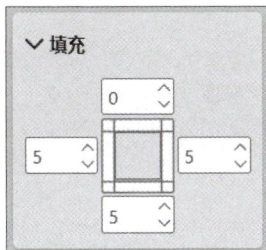

5.2.5　标题

在Power BI中，每个视觉对象都可以有一个或多个标题，用于描述该视觉对象的内容或提供额外的信息。通过设置标题，用户可以灵活地控制视觉对象标题的外观和行为，以便更好地展示报告的内容和重点。

图5-21　设置"标题"

可以在"设置视觉对象格式"设置项的"标题"中设置标题，如果要设置可视化视觉对象的标题，务必将"标题"设置为"开"，包括标题、字幕、分隔线和间距4个设置项，如图5-21所示。

"标题"设置项可以设置标题的文本、标题级别、字体、文本颜色、背景色、水平对齐方式、文本是否自动换行等，如图5-22所示。

在Power BI中，字幕（即副标题）是一种视觉元素，用于在报表中的可视化元素下方添加简短的文本描述或说明，它可以帮助用户更好地理解图表或图像中的数据，并补充额外的信息。

"字幕"设置项可以设置字幕的文本、标题级别、字体、文本颜色、水平对齐方式、文本是否自动换行等，如图5-23所示。

89

在Power BI中，分隔线是一种视觉元素，用于在报表中分隔不同的内容区域或可视化元素，可以帮助用户更清晰地理解报告的结构和内容，提高报告的可读性。

"分隔线"设置项可以设置分隔线的颜色、线条样式、宽度、是否忽略填充，如图5-24所示。"间距"设置项可以设置是否自定义间距等，如图5-25所示。

图 5-22　"标题"设置项　　图 5-23　"字幕"设置项　　图 5-24　"分隔线"设置项

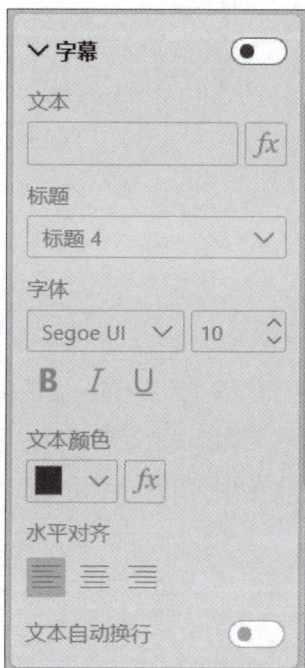

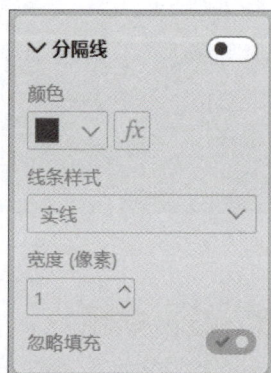

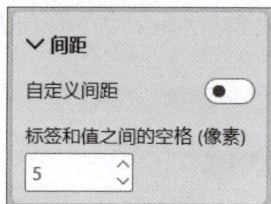

图 5-25　"间距"设置项

5.2.6　效果

在Power BI中，效果设置允许调整图表和其他可视化元素的外观，以增强其视觉效果和吸引力，这些设置通常涉及图表的背景、视觉对象边框和阴影等，如图5-26所示。

"背景"设置项可以设置视觉对象的颜色和透明度，如图5-27所示。

"视觉对象边框"设置项可以设置视觉对象的颜色、圆角和宽度，如图5-28所示。"阴影"设置项可以设置视觉对象的颜色、偏移量和位置，如图5-29所示。

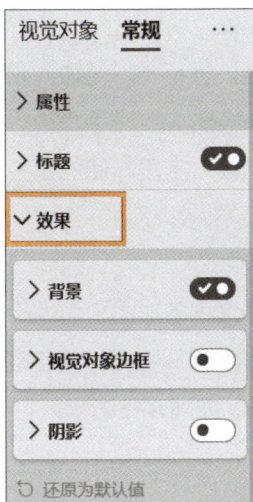

图 5-26　"效果"设置项

图 5-27　"背景"设置项

图 5-28　"视觉对象边框"设置项

图 5-29　"阴影"设置项

5.3　基础视觉对象及其案例

5.3.1　堆积条形图

　　堆积条形图是一种统计图表，用于展示多个类别的数据，并且可以清楚地显示出每个类别以及它们的总和。在堆积条形图中，每个类别的宽度是相同的，但是不同类别的部分可以堆叠在一起，以显示它们在总数中的相对比例。

　　Power BI 绘制堆积柱形图视觉对象的主要步骤如下：

① 单击"可视化"窗格中的"堆积柱形图"图标。

② 在"数据"窗格中，将"地区"拖拽到"可视化"窗格的"Y轴"设置项。

③ 将"销售额"拖拽到"X轴"设置项，单击"销售额"字段右侧的下拉框，选择"求和"选项。

④ 将"客户类型"拖拽到"图例"设置项。

⑤ 为视觉对象添加标题"2023年不同地区商品销售额堆积条形图"。

根据需求对图形进行适当的调整，如视图大小、X轴、Y轴、数据标签和标题等，最后绘制的2023年不同地区商品销售额堆积条形图，如图5-30所示。

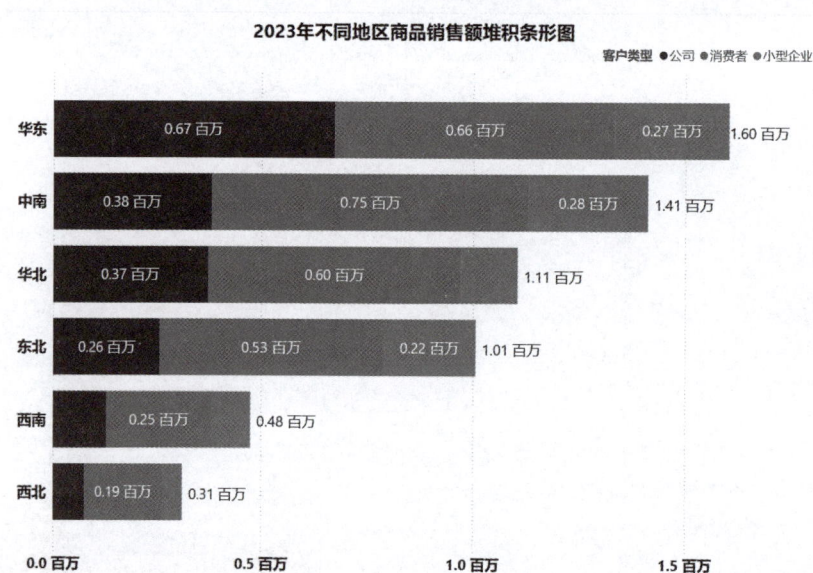

图 5-30　堆积条形图

5.3.2　堆积柱形图

堆积柱形图是一种常见的数据可视化工具，用于展示各部分在总数中的比例关系。在堆积柱形图上，每个类别的柱形图被分成几个部分，每个部分表示不同的数据系列，而各个部分的总和等于该类别的总数。

Power BI绘制堆积柱形图视觉对象的主要步骤如下：

① 单击"可视化"窗格中的"堆积柱形图"图标。

② 在"数据"窗格中，将"门店名称"拖拽到"可视化"窗格的"X轴"

设置项。

③ 将"销售额"拖拽到"Y轴"设置项，单击"销售额"字段右侧的下拉框，选择"求和"选项。

④ 将"支付方式"拖拽到"图例"设置项。

⑤ 为视觉对象添加标题"2023年不同门店商品销售额堆积柱形图"。

根据需求对图形进行适当的调整，如视图大小、X轴、Y轴、数据标签和标题等，最后绘制的2023年不同门店商品销售额堆积柱形图，如图5-31所示。

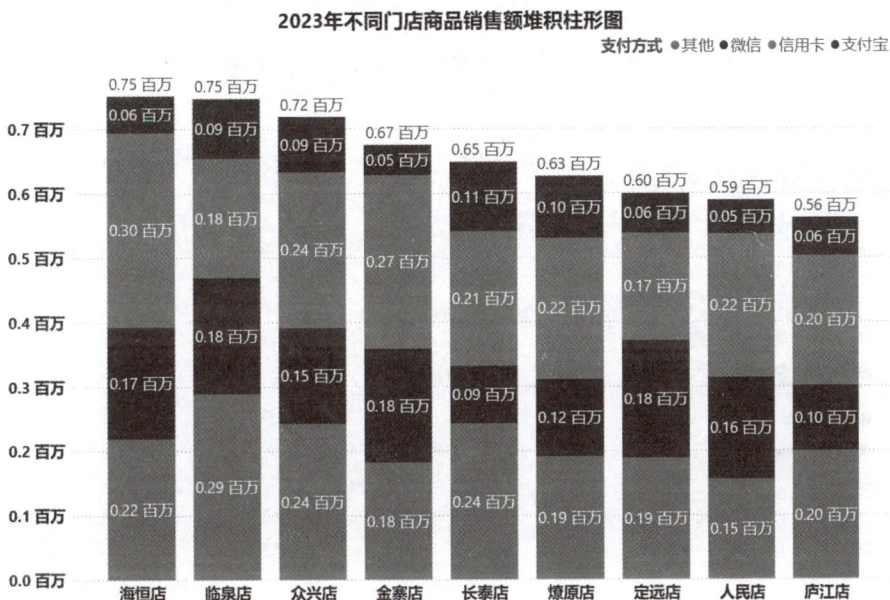

图5-31　堆积柱形图

5.3.3　簇状条形图

簇状条形图，也称为分组条形图，是一种用于比较多个数据系列在同一组内的条形图。在这种图表中，每个组内的条形图通常并排排列，以便于比较各个数据系列在同一组内的相对大小。

Power BI绘制簇状条形图视觉对象的主要步骤如下：

① 单击"可视化"窗格中的"簇状条形图"图标。

② 在"数据"窗格中，将"地区"拖拽到"可视化"窗格的"Y轴"设置项。

③ 将"销售额"拖拽到"X轴"设置项，单击"销售额"字段右侧的下拉框，选择"求和"选项。

④ 将"客户类型"拖拽到"图例"设置项。

⑤ 为视觉对象添加标题"2023年不同地区商品销售额簇状条形图"。

根据需求对图形进行适当的调整，如视图大小、X轴、Y轴、数据标签和标题等，最后绘制的2023年不同地区商品销售额簇状条形图，如图5-32所示。

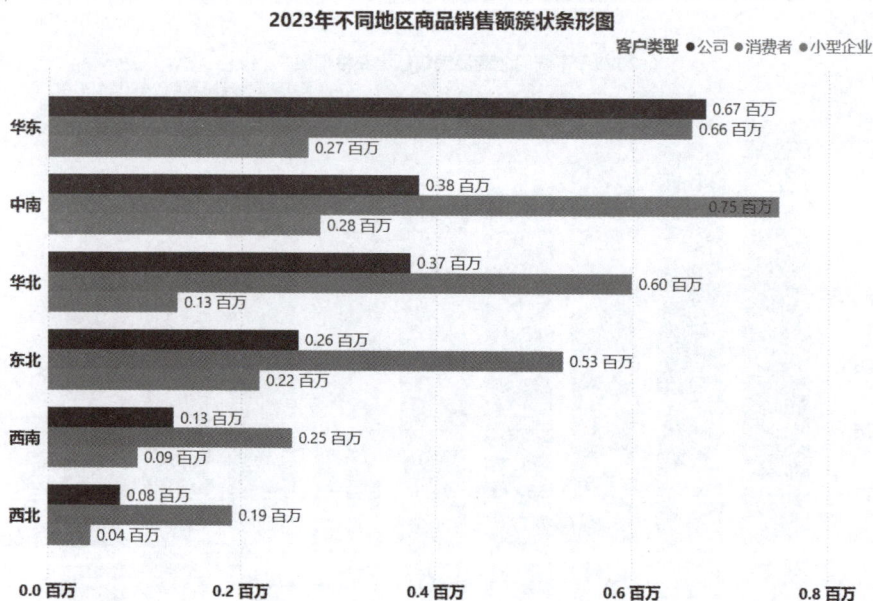

图 5-32　簇状条形图

5.3.4　簇状柱形图

簇状柱形图是一种统计图表，它主要用于比较多个项目或类别在不同组别或维度中的表现。在这种图表中，每个组别或类别的数据通过垂直或水平的条形图来表示，而这些条形图通常是并排排列的，以便于比较。

Power BI绘制簇状柱形图视觉对象的主要步骤如下：

① 单击"可视化"窗格中的"簇状柱形图"图标。

② 在"数据"窗格中，将"门店名称"拖拽到"可视化"窗格的"X轴"设置项。

③ 将"销售额"拖拽到"Y轴"设置项，单击"销售额"字段右侧的下拉

框，选择"求和"选项。

④ 将"支付方式"拖拽到"图例"设置项。

⑤ 为视觉对象添加标题"2023年不同门店商品销售额簇状柱形图"。

根据需求对图形进行适当的调整，如视图大小、X轴、Y轴、数据标签和标题等，最后绘制的2023年不同门店商品销售额簇状柱形图，如图5-33所示。

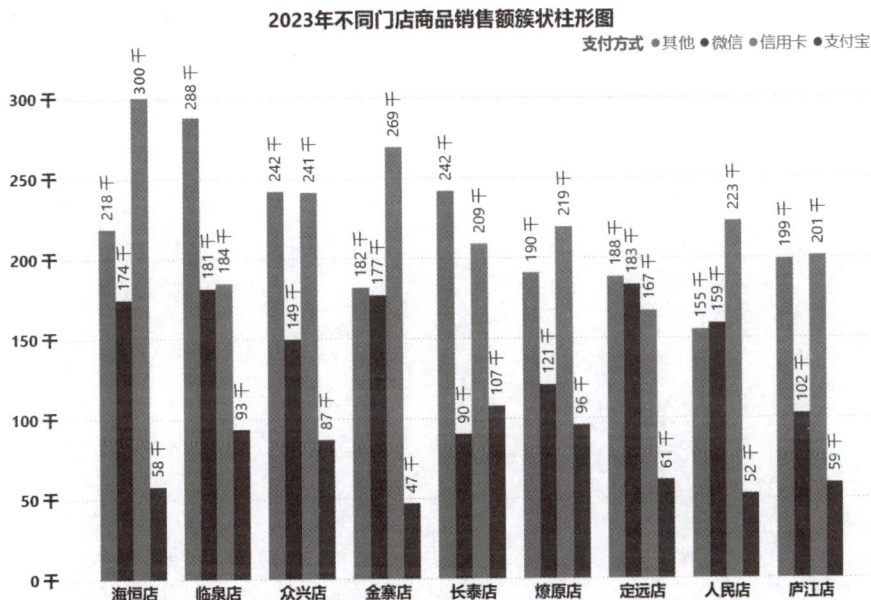

图 5-33　簇状柱形图

5.3.5　百分比堆积条形图

百分比堆积条形图是一种特定的条形图，它展示了每个分类中各个部分占该分类总量的百分比。在这种图表中，每个分类的条形图中的各个部分相加等于100%，并且条形图的高度或长度表示每个部分的百分比大小。

Power BI绘制簇状条形图视觉对象的主要步骤如下：

① 单击"可视化"窗格中的"簇状条形图"图标。

② 在"数据"窗格中，将"地区"拖拽到"可视化"窗格的"Y轴"设置项。

③ 将"销售额"拖拽到"X轴"设置项，单击"销售额"字段右侧的下拉框，选择"求和"选项。

④ 将"客户类型"拖拽到"图例"设置项。

⑤ 打开视觉对象的"丝带"设置项。

⑥ 打开视觉对象的"数据标签"设置项。

⑦ 为视觉对象添加标题"2023年不同地区商品销售额百分比堆积条形图"。

根据需求对图形进行适当的调整，如视图大小、X轴、Y轴、数据标签和标题等，最后绘制的2023年不同地区商品销售额百分比堆积条形图，如图5-34所示。

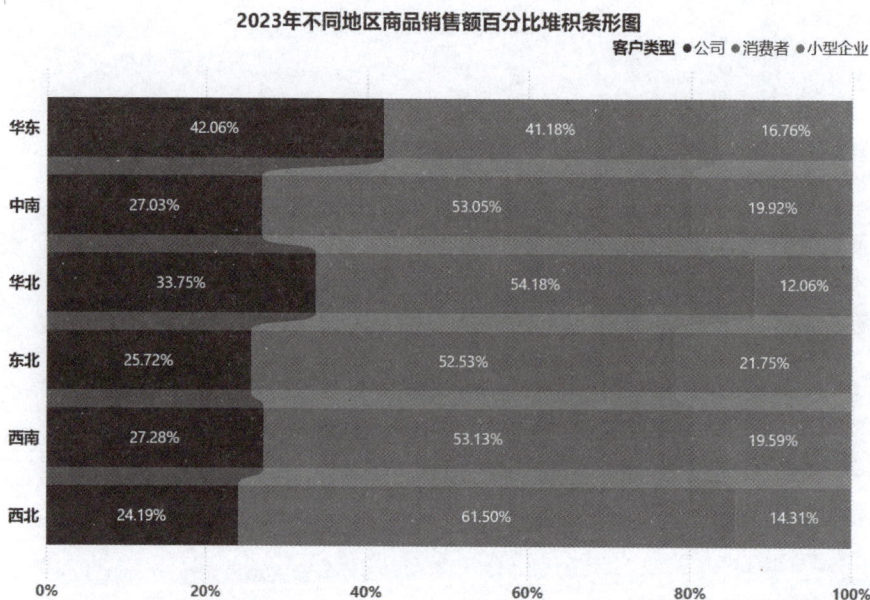

图 5-34　百分比堆积条形图

5.3.6　百分比堆积柱形图

百分比堆积柱形图是一种特定的柱形图，它展示了每个分类中各个部分占该分类总量的百分比。在这种图表中，每个分类的柱形图中的各个部分相加等于100%，并且柱形图的高度表示每个部分的百分比大小。

Power BI 绘制簇状条形图视觉对象的主要步骤如下：

① 单击"可视化"窗格中的"簇状条形图"图标。

② 在"数据"窗格中，将"门店名称"拖拽到"可视化"窗格的"X轴"设置项。

③ 将"销售额"拖拽到"Y轴"设置项，单击"销售额"字段右侧的下拉框，选择"求和"选项。

④ 将"支付方式"拖拽到"图例"设置项。

⑤ 为视觉对象添加标题"2023年不同门店商品销售额百分比堆积柱形图"。

根据需求对图形进行适当的调整，如视图大小、X轴、Y轴、数据标签和标题等，最后绘制的2023年不同门店商品销售额百分比堆积柱形图，如图5-35所示。

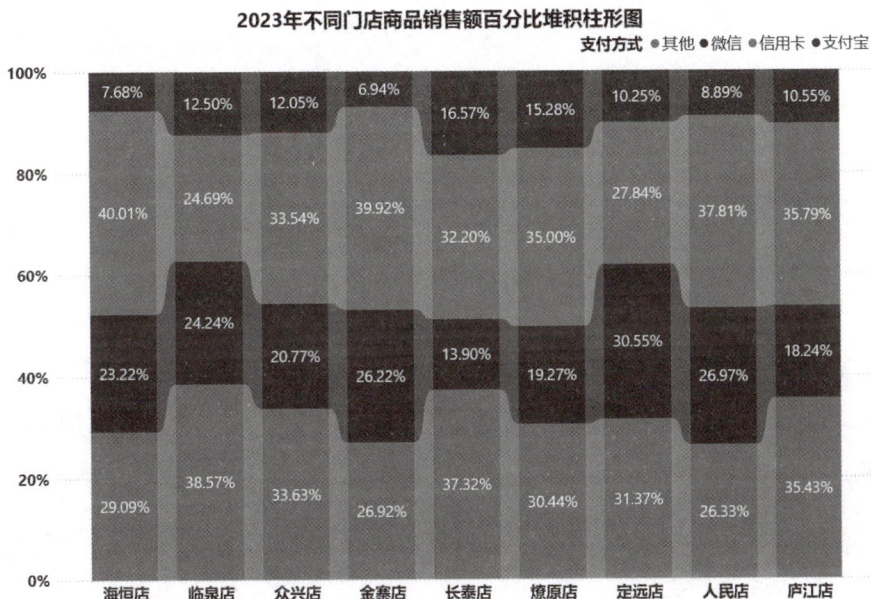

图 5-35　百分比堆积柱形图

5.3.7　折线图

折线图是一种常用的数据可视化工具，它通过连续的线条来展示数据随时间、顺序或其他连续变量的变化趋势。折线图特别适合于展示时间序列数据，或者任何需要展示数据随连续变量变化的趋势。

Power BI绘制簇状条形图视觉对象的主要步骤如下：

① 单击"可视化"窗格中的"折线图"图标。

② 在"数据"窗格中，将"订单日期"拖拽到"可视化"窗格的"X轴"设置项，删除"年""季度""日"等日期级别，仅保留"月份"日期级别。

③ 将"利润额"拖拽到"Y轴"设置项，单击"利润额"字段右侧的下拉框，选择"求和"选项。

④ 将"利润率"拖拽到"辅助Y轴"设置项，单击"利润率"字段右侧的下拉框，选择"平均值"选项。

⑤ 为视觉对象添加标题"2023年月度利润额与平均利润率折线图"。

根据需求对图形进行适当的调整，如视图大小、X轴、Y轴、数据标签和标题等，最后绘制的2023年月度利润额与平均利润率折线图，如图5-36所示。

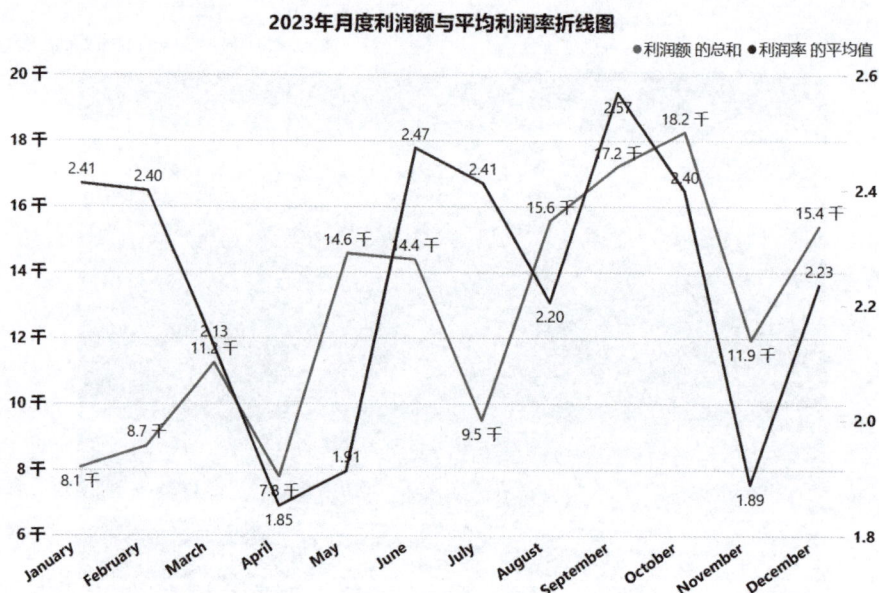

图 5-36　折线图

5.3.8　分区图

分区图（又称分层分区图）是在折线图的基础上构建的。它通过在轴和线之间的区域使用颜色填充来表示数量。分区图突出显示了随时间变化的数据量，有助于引导人们关注趋势的总和。例如，分区图可以用来展示随时间变化的利润总额，从而强调累计利润的趋势。

Power BI 绘制分区图视觉对象的主要步骤如下：

① 单击"可视化"窗格中的"分区图"图标。

② 在"数据"窗格中，将"订单日期"拖拽到"可视化"窗格的"X轴"

设置项，删除"年""季度""日"等日期级别，仅保留"月份"日期级别。

③ 将"订单编号"拖拽到"Y轴"设置项，单击"订单编号"字段右侧的下拉框，选择"计数"选项。

④ 为视觉对象添加标题"2023年月度商品订单数分区图"。

根据需求对图形进行适当的调整，如视图大小、X轴、Y轴、数据标签和标题等，最后绘制的2023年月度商品订单数分区图，如图5-37所示。

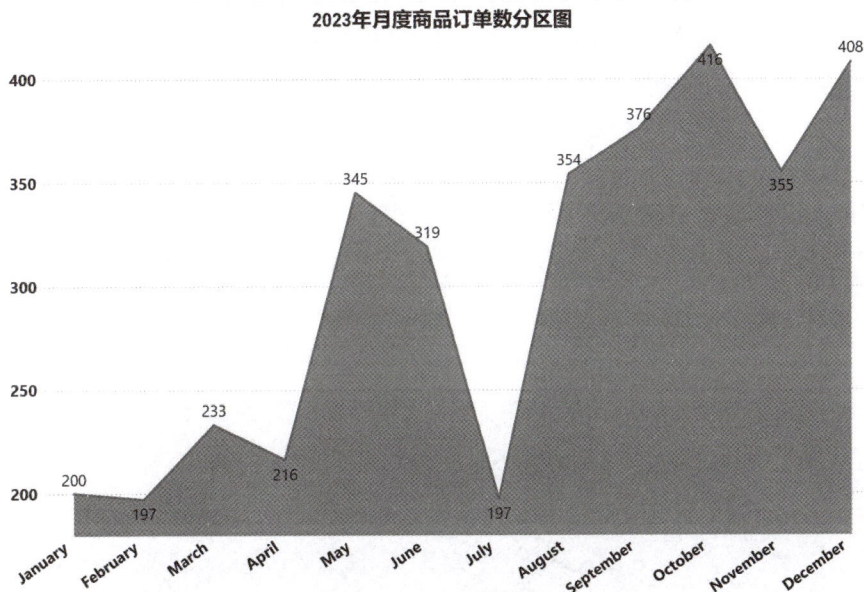

图 5-37　分区图

5.3.9　堆积面积图

堆积面积图是一种用来展示多个数据系列之间数量关系的图表类型。在堆积面积图中，每个数据系列以不同的颜色表示，堆积在一起形成整体的面积。这种图表常用于展示数据随时间或者其他变量的变化趋势，方便比较不同数据系列之间的占比情况。

堆积面积图通常适用于表示数据的累积情况，可以清晰地显示各个数据系列在整体中所占比例的变化。在图表中，每个数据系列的面积大小与其数值大小成正比，因此可以直观地比较不同系列之间的数量关系。堆积面积图可以帮助观众更容易地理解数据的分布情况，发现规律性。

Power BI绘制堆积面积图视觉对象的主要步骤如下：

① 单击"可视化"窗格中的"堆积面积图"图标。

② 在"数据"窗格中，将"订单日期"拖拽到"可视化"窗格的"X轴"设置项，删除"年""季度""日"等日期级别，仅保留"月份"日期级别。

③ 将"销售额"拖拽到"Y轴"设置项，单击"销售额"字段右侧的下拉框，选择"求和"选项。

④ 将"客户类型"拖拽到"图例"设置项。

⑤ 为视觉对象添加标题"2023年月度商品销售额堆积面积图"。

根据需求对图形进行适当的调整，如视图大小、X轴、Y轴、数据标签和标题等，最后绘制的2023年月度商品销售额堆积面积图，如图5-38所示。

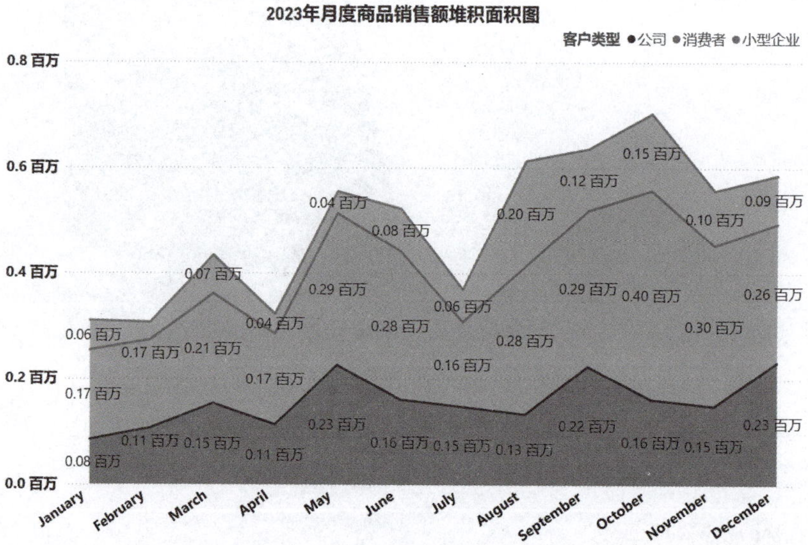

图 5-38　堆积面积图

5.3.10　100% 堆积分区图

100%堆积分区图是堆积面积图的一种变种，它强调每个数据系列在整体中的占比情况，而不是具体数值的大小。在100%堆积面积图中，每个数据系列的数值会被归一化，使得整个图表的面积总和为100%。

这种图表适用于展示多个数据系列在不同时间点或者变量下的占比情况，有助于比较各个数据系列的相对贡献。通过100%堆积面积图，观众可以更直观地看到各个数据系列在总体中的份额，发现不同数据系列之间的比例关系，并了解它们在整体中的重要性。

Power BI 绘制100%堆积分区图视觉对象的主要步骤如下：

① 单击"可视化"窗格中的"100%堆积分区图"图标。

② 在"数据"窗格中，将"订单日期"拖拽到"可视化"窗格的"X轴"设置项，删除"年""季度""日"等日期级别，仅保留"月份"日期级别。

③ 将"销售额"拖拽到"Y轴"设置项，单击"销售额"字段右侧的下拉框，选择"求和"选项。

④ 将"客户类型"拖拽到"图例"设置项。

⑤ 为视觉对象添加标题"2023年月度销售额100%堆积分区图"。

根据需求对图形进行适当的调整，如视图大小、X轴、Y轴、数据标签和标题等，最后绘制的2023年月度销售额100%堆积分区图，如图5-39所示。

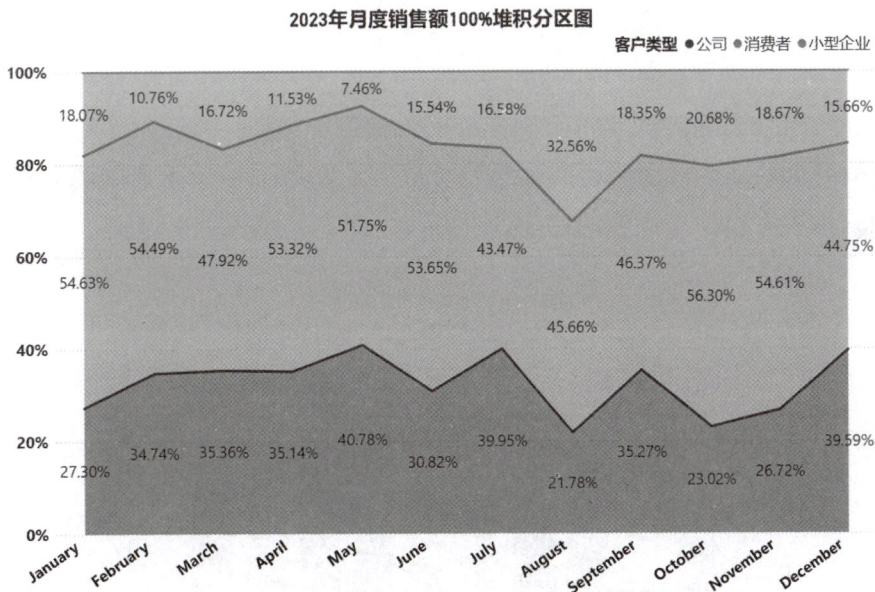

图5-39　100%堆积分区图

5.3.11　折线和堆积柱形图

折线和堆积柱形图是一种复合视图，结合了折线图和堆积柱形图两种图表类型的特点，以展示更丰富的数据信息。在这种复合图形中，通常折线图用来表示

101

一个数据系列的趋势变化，而堆积柱形图用来表示多个数据系列之间的比较关系。

折线图通常适合展示随时间变化的趋势数据，通过连续的折线展示数据的变化情况。而堆积柱形图则适合展示不同数据系列在不同类别或维度下的数量关系，通过柱形的高度、颜色区分不同数据系列。

Power BI绘制"折线和堆积柱形图"视觉对象的主要步骤如下：

① 单击"可视化"窗格中的"折线和堆积柱形图"图标。

② 在"数据"窗格中，将"订单日期"拖拽到"可视化"窗格的"X轴"设置项，删除"年""季度""日"等日期级别，仅保留"月份"日期级别。

③ 将"利润额"拖拽到"列Y轴"设置项，单击"利润额"字段右侧的下拉框，选择"求和"选项。

④ 将"利润率"拖拽到"行Y轴"设置项，单击"利润率"字段右侧的下拉框，选择"平均值"选项。

⑤ 将"客户类型"拖拽到"列图例"设置项。

⑥ 为视觉对象添加标题"2023年月度商品利润额与利润率的折线和堆积柱形图"。

根据需求对图形进行适当的调整，如视图大小、X轴、Y轴、数据标签和标题等，最后绘制的2023年月度商品利润额与利润率的折线和堆积柱形图，如图5-40所示。

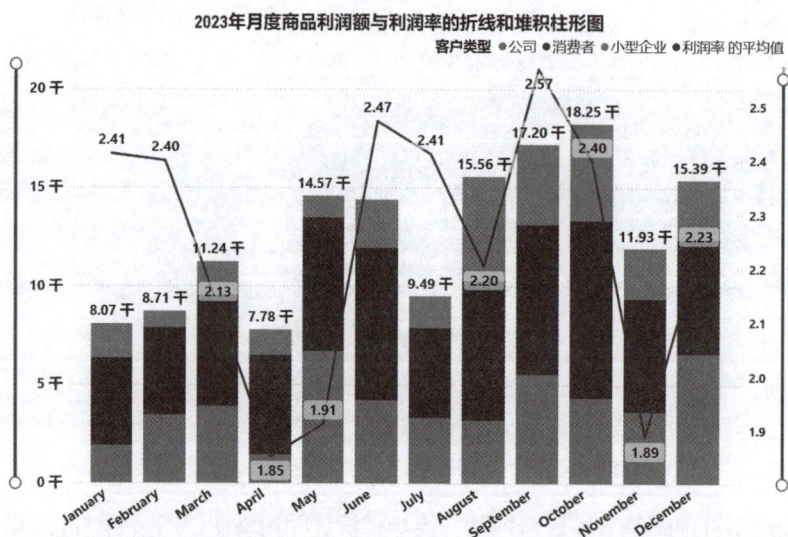

图 5-40　折线和堆积柱形图

5.3.12　折线和簇状柱形图

折线和簇状柱形图是一种复合视图，用来显示不同数据系列之间的比较和趋势变化。在这种复合图形中，折线图通常用来展示数据的趋势变化，而簇状柱形图用来比较不同数据系列在同一类别下的数值差异。

将折线图和簇状柱形图结合在一起，可以同时展示数据的趋势变化和不同数据系列之间的比较关系，帮助用户更全面地理解数据信息。这种复合图形通常用于展示复杂数据集中的趋势和差异，有助于观众进行数据分析、决策和预测。

Power BI绘制"折线和簇状柱形图"视觉对象的主要步骤如下：

① 单击"可视化"窗格中的"折线和簇状柱形图"图标。

② 在"数据"窗格中，将"订单日期"拖拽到"可视化"窗格的"X轴"设置项，删除"年""季度""日"等日期级别，仅保留"月份"日期级别。

③ 将"利润额"拖拽到"列Y轴"设置项，单击"利润额"字段右侧的下拉框，选择"求和"选项。

④ 将"利润率"拖拽到"行Y轴"设置项，单击"利润率"字段右侧的下拉框，选择"平均值"选项。

⑤ 将"客户类型"拖拽到"列图例"设置项。

⑥ 为视觉对象添加标题"2023年月度商品利润额与利润率的折线和簇状柱形图"。

根据需求对图形进行适当的调整，如视图大小、X轴、Y轴、数据标签和标题等，最后绘制的2023年月度商品利润额与利润率的折线和簇状柱形图，如图5-41所示。

5.3.13　丝带图

丝带图能迅速识别出哪个数据类别具有最高排名（即最大值）。条带展示了数据类别在可视化时间段内的值变化。条带通过连接连续时间内的类别值，使观察者能够轻松地看出何时出现增长或下降。丝带图的大小表示该时间段的类别值大于其他连续时间段。丝带图将不同类别的条带集成至单一视图中。这种可视化手段让观察者能够比较特定类别相对于其他类别在图表的整个X轴（通常是时间线）上的排名。

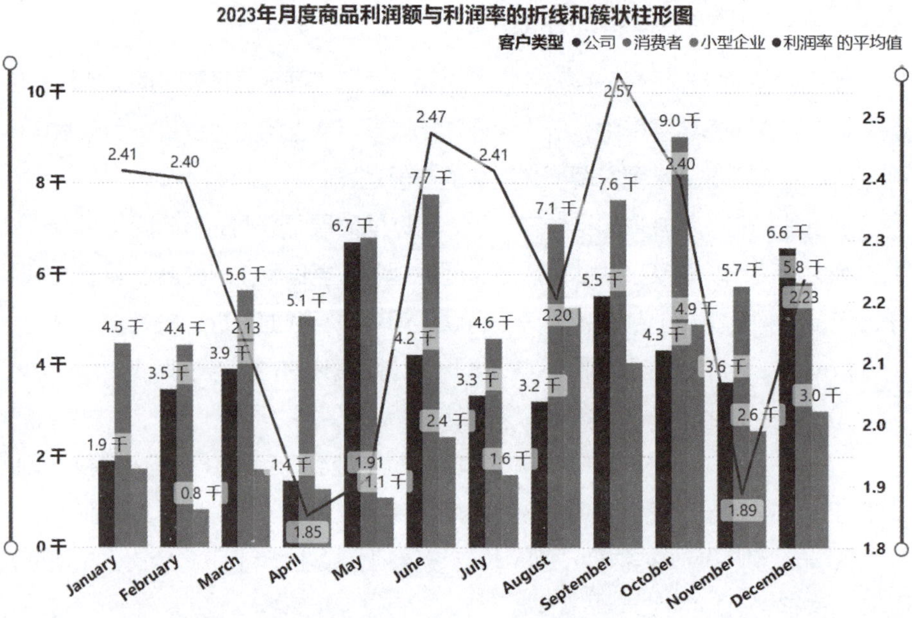

2023年月度商品利润额与利润率的折线和簇状柱形图

客户类型 ●公司 ●消费者 ●小型企业 ●利润率 的平均值

图 5-41　折线和簇状柱形图

Power BI 绘制丝带图视觉对象的主要步骤如下：

① 单击"可视化"窗格中的"丝带图"图标。

② 在"数据"窗格中，将"订单日期"拖拽到"可视化"窗格的"X轴"设置项，删除"年""季度""日"等日期级别，仅保留"月份"日期级别。

③ 将"销售额"拖拽到"Y轴"设置项，单击"销售额"字段右侧的下拉框，选择"求和"选项。

④ 将"客户类型"拖拽到"图例"设置项。

⑤ 为视觉对象添加标题"2023年月度商品销售额丝带图"。

根据需求对图形进行适当的调整，如视图大小、X轴、Y轴、数据标签和标题等，最后绘制的2023年月度商品销售额丝带图，如图5-42所示。

5.3.14　瀑布图

瀑布图是由麦肯锡公司首创的一种商业图表，属于柱形图的一种变体。它通过堆叠交错的长短柱体形成类似瀑布的形态而得名。瀑布图适用于展示数据的流动和演变关系，能够通过连接不同的数据点来揭示它们之间的差异，并以直观的方式展现数据的变化趋势，以及一系列因素对数据的影响过程。

104

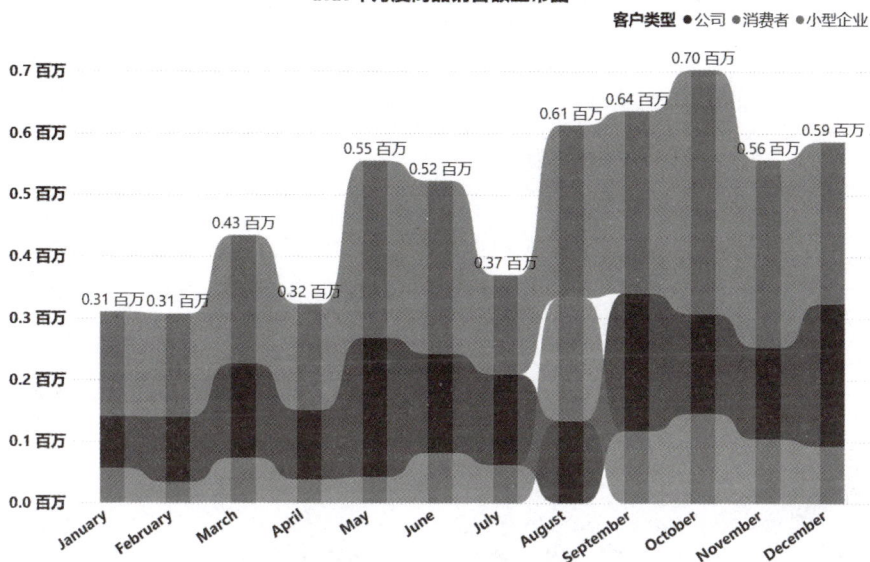

2023年月度商品销售额丝带图

图 5-42　丝带图

Power BI 绘制瀑布图视觉对象的主要步骤如下：

① 单击"可视化"窗格中的"瀑布图"图标。

② 将"商品类别"拖拽到"类别"设置项。

③ 将"利润额"拖拽到"Y轴"设置项，单击右侧的下拉框，选择"求和"选项。

④ 为视觉对象添加标题"2023年不同类型商品销售额瀑布图"。

根据需求对图形进行适当的调整，如视图大小、X轴、Y轴、数据标签和标题等，最后绘制的2023年不同类型商品销售额瀑布图，如图5-43所示。

5.3.15　漏斗图

漏斗图能直观地展示具有顺序连接的阶段的线性流程。在漏斗图中，每个阶段都表示总量的百分比。通常情况下，漏斗图的形状类似于一个漏斗，其中第一阶段最大，后续每个阶段都比前一个阶段小。例如，使用漏斗图追踪不同阶段的客户数量，从潜在客户到合格潜在客户，再到预期客户、已签订合同的客户，最后到已成交客户。

Power BI 绘制漏斗图视觉对象的主要步骤如下：

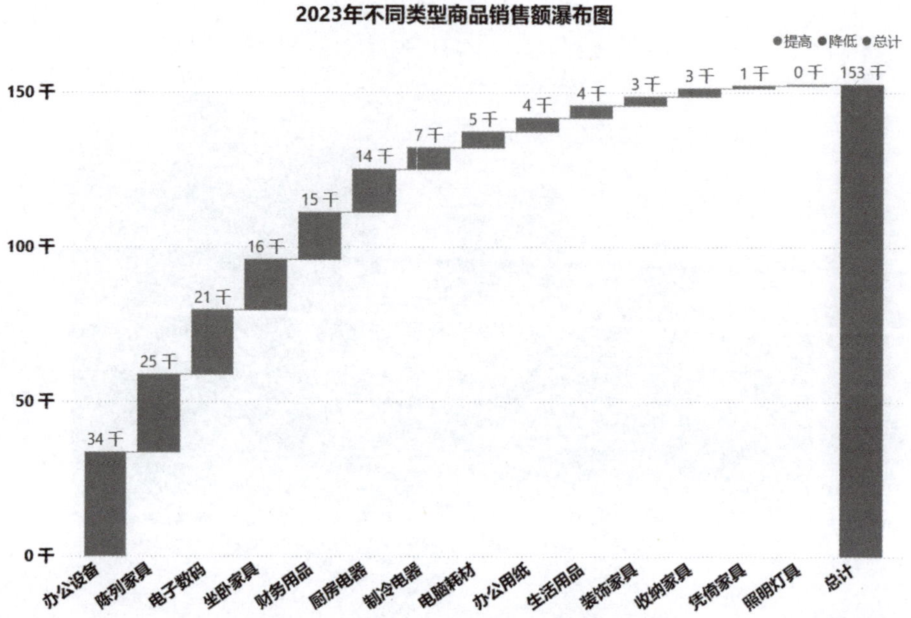

2023年不同类型商品销售额瀑布图

●提高 ●降低 ●总计

图 5-43　瀑布图

① 单击"可视化"窗格中的"漏斗图"图标。

② 将"省市"拖拽到"类别"设置项。

③ 将"销售额"拖拽到"值"设置项，单击右侧的下拉框，选择"求和"选项。

④ 为视觉对象添加标题"2023年不同省市商品销售额漏斗图"。

根据需求对图形进行适当的调整，如视图大小、X轴、Y轴、数据标签和标题等，最后绘制的2023年不同省市商品销售额漏斗图，如图5-44所示。

5.3.16　散点图

散点图是一种常用的数据可视化方式，用于展示两个变量之间的关系。在散点图中，每个数据点代表一个观察值，其中横轴代表一个变量，纵轴代表另一个变量，通过数据点在平面坐标系中的位置展示这两个变量之间的关系。

散点图适用于以下情况：

① 探索变量之间的关系：通过观察散点图的形状和趋势，可以帮助我们探索两个变量之间是否存在关联关系，是正相关、负相关还是无关。

106

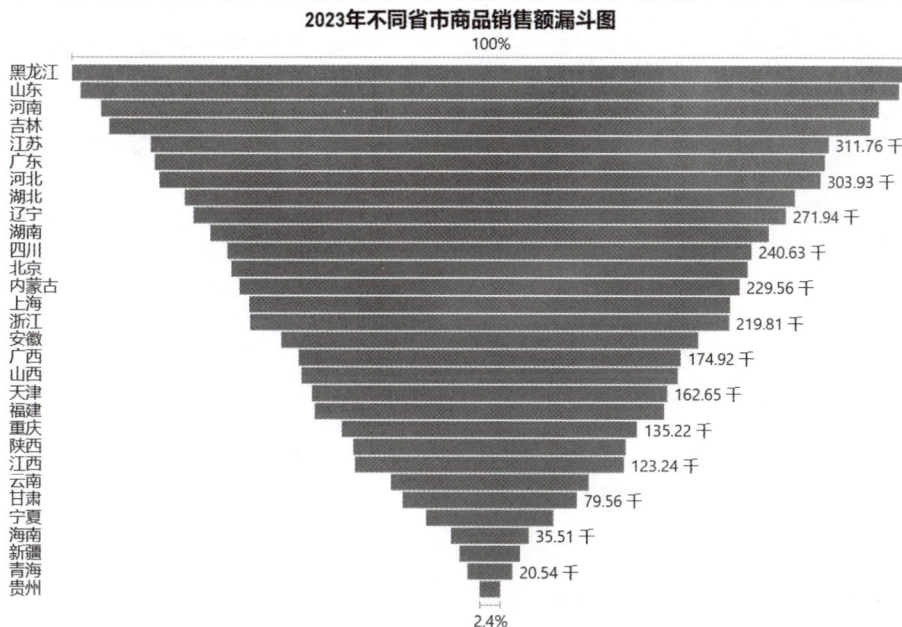

图 5-44　漏斗图

　　② 发现异常值：散点图可以帮助我们发现数据集中的异常值，即与其他数据点相比明显偏离的点，可能代表数据录入错误或者真实的特殊情况。

　　③ 观察数据分布：散点图可以让我们观察数据点在整个范围内的分布情况，有助于了解数据的分布特征和密度。

　　④ 预测趋势：通过观察散点图的趋势，可以帮助我们预测未来的发展走势，从而做出相应的决策。

　　Power BI 绘制散点图视觉对象的主要步骤如下：

　　① 单击"可视化"窗格中的"散点图"图标。

　　② 在"数据"窗格中，将"实际配送天数"拖拽到"X轴"设置项。

　　③ 将"计划配送天数"拖拽到"Y轴"设置项。

　　④ 将"客户类型"拖拽到"图例"设置项。

　　⑤ 将"订单编号"拖拽到"大小"设置项，单击"订单编号"字段右侧的下拉框，选择"计数"选项。

　　⑥ 为视觉对象添加标题"2023年商品配送计划时间与实际时间散点图"。

　　根据需求对图形进行适当的调整，如视图大小、X轴、Y轴、数据标签和标题等，最后绘制的 2023 年商品配送计划时间与实际时间散点图，如图 5-45 所示。

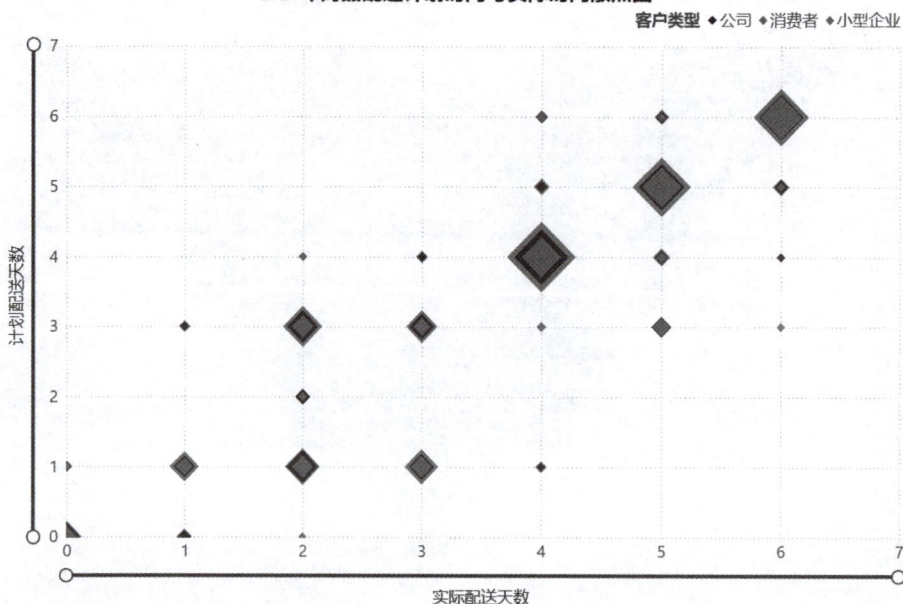

2023年商品配送计划时间与实际时间散点图
客户类型 ◆公司 ◆消费者 ◆小型企业

图 5-45　散点图

5.3.17　饼图

饼图是一种常用的数据可视化形式，用于展示不同部分在整体中的比例关系。饼图呈圆形，被分成多个扇形区块，每个区块的大小表示该部分在整体中所占的比例。

需要注意的是，饼图适合用于展示相对比例明显的数据，不适合用于展示大量数据或比例相差不大的情况。此外，在使用饼图时，还应注意避免使用过多颜色或扇形区块，以确保图表简洁易读。

Power BI 绘制饼图视觉对象的主要步骤如下：

① 单击"可视化"窗格中的"饼图"图标。

② 将"销售额"拖拽到"值"设置项，单击右侧的下拉框，选择"求和"选项。

③ 将"客户类型"拖拽到"详细信息"设置项。

④ 为视觉对象添加标题"2023年不同类型商品销售额饼图"。

根据需求对图形进行适当的调整，如视图大小、X轴、Y轴、数据标签和标题等，最后绘制的2023年不同类型商品销售额饼图，如图5-46所示。

108

2023年不同类型商品销售额饼图

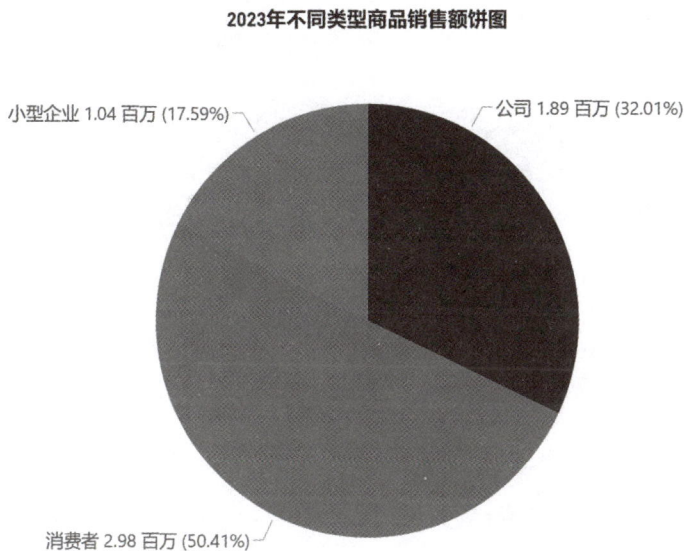

图 5-46　饼图

5.3.18　环形图

环形图与饼图相似，都用于展示各部分与整体的关系。不同之处在于环形图的中心是空的，这样就有空间添加标签或图标。环形图特别适合用来比较特定部分与整体的关系，而不是用来比较各个部分之间的大小。

Power BI 绘制环形图视觉对象的主要步骤如下：

① 单击"可视化"窗格中的"环形图"图标。

② 将"利润额"拖拽到"值"设置项，单击右侧的下拉框，选择"求和"选项。

③ 将"客户类型"拖拽到"详细信息"设置项。

④ 为视觉对象添加标题"2023年不同类型商品利润额环形图"。

根据需求对图形进行适当的调整，如视图大小、X轴、Y轴、数据标签和标题等，最后绘制的2023年不同类型商品利润额环形图，如图5-47所示。

5.3.19　树状图

树状图将分层数据显示为一组嵌套矩形。每一级层次结构都由一个称为分支节点的彩色矩形表示。每个分支都包含称为叶节点的稍小矩形。Power BI 使用

109

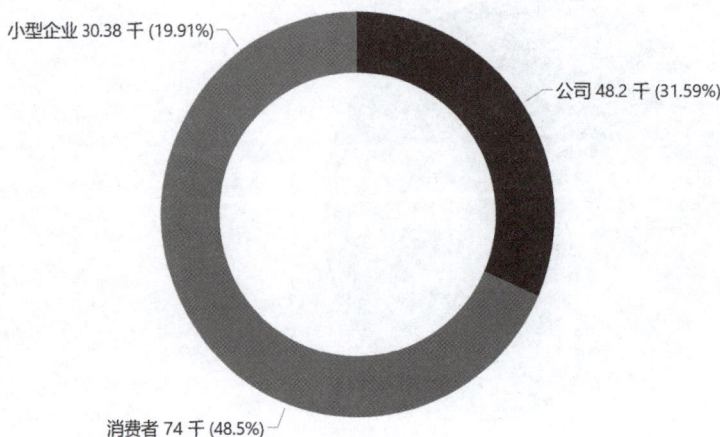

2023年不同类型商品利润额环形图

客户类型 ●公司 ●消费者 ●小型企业

小型企业 30.38 千 (19.91%)

公司 48.2 千 (31.59%)

消费者 74 千 (48.5%)

图 5-47　环形图

度量值来确定分支和叶的矩形大小。矩形按大小排列，最大分支节点位于左上角，最小分支位于右下角，每个分支中叶节点的排列顺序相同。

Power BI 绘制树状图视觉对象的主要步骤如下：

① 单击"可视化"窗格中的"树状图"图标。

② 将"商品类别"拖拽到"类别"设置项。

③ 将"销售额"拖拽到"值"设置项，单击右侧的下拉框，选择"求和"选项。

④ 为视觉对象添加标题"2023年不同类型商品销售额树状图"。

根据需求对图形进行适当的调整，如视图大小、X轴、Y轴、数据标签和标题等，最后绘制的2023年不同类型商品销售额树状图，如图5-48所示。

5.3.20　卡片图

卡片图是Power BI中一种常用的可视化效果类型，用于展示单一关键指标或数字。它通常显示为一个矩形框，里面包含一个明显的数字或指标，并提供一些附加信息或上下文，例如趋势图表、指示箭头等。

在Power BI中使用卡片图的场景通常是想要突出显示和跟踪一个重要数字或指标，如总销售额、市场份额等。通过添加卡片图到仪表板或报表中，用户可

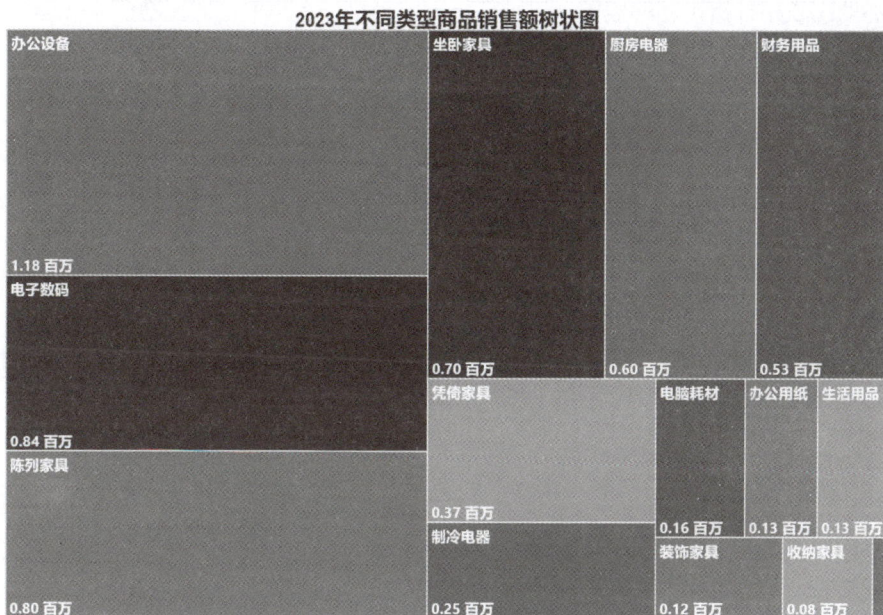

2023年不同类型商品销售额树状图

图 5-48 树状图

以方便地监视重要指标的变化和趋势，快速了解业务状况。

Power BI 绘制卡片图视觉对象的主要步骤如下：

① 单击"可视化"窗格中的"卡片图"图标。

② 在"数据"窗格中，将"销售额"拖拽到"可视化"窗格的"字段"设置项。

③ 为视觉对象添加标题"2023年不同类型商品销售额卡片图"。

根据需求对图形进行适当的调整，如视图大小、X轴、Y轴、数据标签和标题等，最后绘制的2023年不同类型商品销售额卡片图，如图5-49所示。

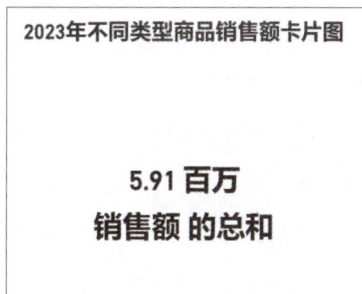

2023年不同类型商品销售额卡片图

**5.91 百万
销售额 的总和**

图 5-49 卡片图

5.3.21 多行卡

在Power BI中，除了卡片图之外，还可以使用"多行卡"来展示多个关键指标或数字。多行卡通常是一组垂直排列的卡片，每个卡片代表一个不同的指标或信息。使用多行卡可以更高效地展示多个相关的指标或数据，让用户能够一目

111

了然地比较和分析不同的信息。这种布局形式特别适合需要同时查看多个关键指标或数字的情况。

通过将多行卡放置在仪表板或报表中，用户可以快速比较各个指标之间的差异、趋势或关联性，有助于更全面地了解整体业务状况，快速发现关键问题或机会。同时，Power BI也提供了一些定制和格式化选项，用户可以根据需要调整每个多行卡的样式、颜色、字体等，使其更符合自己的需求和品位。

Power BI绘制多行卡视觉对象的主要步骤如下：

① 单击"可视化"窗格中的"多行卡"图标。

② 在"数据"窗格中，将"地区"拖拽到"可视化"窗格的"字段"设置项。

③ 将"销售额"拖拽到"字段"设置项，单击"销售额"字段右侧的下拉框，选择"求和"选项。

④ 将"利润额"拖拽到"字段"设置项，单击"利润额"字段右侧的下拉框，选择"求和"选项。

⑤ 将"利润率"拖拽到"字段"设置项，单击"利润率"字段右侧的下拉框，选择"平均值"选项。

⑥ 为视觉对象添加标题"2023年不同地区商品销售额多行卡"。

根据需求对图形进行适当的调整，如视图大小、X轴、Y轴、数据标签和标题等，最后绘制的2023年不同地区商品销售额多行卡，如图5-50所示。

图 5-50　多行卡

5.3.22　表

表是一种以逻辑顺序排列的行和列组成的网格，用于展示相关数据，它还可以包括标题和总计行，特别适合进行定量比较，即研究一个类别的多个值。

Power BI绘制表视觉对象的主要步骤如下：

① 单击"可视化"窗格中的"表"图标。

② 在"数据"窗格中，将"商品类别"拖拽到"可视化"窗格的"列"设置项。

③ 将"子类别"拖拽到"列"设置项。

④ 将"销售额"拖拽到"列"设置项，单击"销售额"字段右侧的下拉框，选择"求和"选项。

⑤ 将"利润额"拖拽到"列"设置项，单击"利润额"字段右侧的下拉框，选择"求和"选项。

⑥ 为视觉对象添加标题"2023年不同类型商品销售统计表"。

根据需求对图形进行适当的调整，如视图大小、X轴、Y轴、数据标签和标题等，最后绘制的2023年不同类型商品销售统计表，如图5-51所示。

	2023年不同类型商品销售统计表		
商品类别	**子类别**	**销售额 的总和 ▼**	**利润额 的总和**
厨房电器	器具	600,079.51	13,987.17
陈列家具	书架	442,998.92	14,206.39
电子数码	配件	410,486.33	10,757.05
电子数码	充电器	380,202.62	9,251.36
坐卧家具	扶手椅	334,801.25	8,683.43
办公设备	设备	318,755.23	9,925.29
办公设备	复印机	286,765.32	7,231.62
办公设备	传真机	259,083.62	6,238.39
制冷电器	器具	249,592.22	6,976.97
陈列家具	书库	242,108.18	6,984.65
办公设备	收纳具	186,315.50	7,377.38
财务用品	收纳具	165,929.12	6,023.71
凭倚家具	会议桌	121,084.19	565.86
坐卧家具	凳子	118,570.40	2,793.00
装饰家具	用具	117,761.67	2,944.91
财务用品	用具	114,586.94	2,751.67
电脑耗材	墨水	109,467.80	3,800.67
陈列家具	墙角架	98,056.49	3,398.23
总计		**5,913,168.03**	**152,588.50**

图5-51　表

5.3.23　矩阵

矩阵视觉对象与表相似。表支持两个维度，数据以平面结构显示，但不聚合重复值。使用矩阵，可以更方便地在多个维度上有目的地展示数据，因为它支持梯级布局。矩阵能够自动聚合数据，适用于向下钻取内容。

在Power BI中，可以创建矩阵视觉对象，并且能够将矩阵中的元素与报表页上的其他视觉对象进行交叉突出显示。例如，可以选择行、列和单元格，并进行交叉突出显示。此外，还可以复制选择的单个或多个单元格，并将其粘贴到其他应用程序中。

Power BI 绘制矩阵视觉对象的主要步骤如下：

① 单击"可视化"窗格中的"矩阵"图标。

② 在"数据"窗格中，将"地区"和"客户类型"拖拽到"可视化"窗格的"行"设置项。

③ 将"销售额"拖拽到"值"设置项，单击"销售额"字段右侧的下拉框，选择"求和"选项。

④ 将"利润额"拖拽到"值"设置项，单击"利润额"字段右侧的下拉框，选择"求和"选项。

⑤ 将"利润率"拖拽到"值"设置项，单击"利润率"字段右侧的下拉框，选择"平均值"选项。

⑥ 为视觉对象添加标题"2023年不同地区商品销售业绩矩阵"。

根据需求对图形进行适当的调整，如视图大小和标题等，最后绘制的2023年不同地区商品销售业绩矩阵，如图5-52所示。

2023年不同地区商品销售业绩矩阵				
地区	客户类型	销售额 的总和	利润额 的总和	利润率 的平均值
⊟ 华东	公司	674,082.17	16,278.87	2.11
华东	消费者	659,898.22	17,121.10	2.13
华东	小型企业	268,674.01	6,939.43	2.23
华东	**总计**	**1,602,654.40**	**40,339.40**	**2.14**
⊟ 中南	消费者	749,341.46	20,695.62	2.54
中南	公司	381,744.54	8,953.98	1.86
中南	小型企业	281,361.78	7,849.05	2.33
中南	**总计**	**1,412,447.78**	**37,498.65**	**2.31**
⊟ 华北	消费者	599,023.20	14,206.43	2.31
华北	公司	373,166.68	11,388.18	2.66
华北	小型企业	133,353.85	4,345.48	2.41
华北	**总计**	**1,105,543.73**	**29,940.09**	**2.43**
⊟ 东北	消费者	528,697.50	10,098.45	1.63
东北	公司	258,896.37	6,262.62	2.20
东北	小型企业	218,898.53	7,425.02	3.09
东北	**总计**	**1,006,492.40**	**23,786.09**	**2.08**
⊟ 西南	消费者	252,586.43	6,734.93	2.50
西南	公司	129,695.70	3,230.83	1.81
西南	小型企业	93,120.08	2,912.66	2.86
西南	**总计**	**475,402.21**	**12,878.42**	**2.37**
⊟ 西北	消费者	191,043.55	5,147.89	1.93
西北	公司	75,141.16	2,088.97	2.45
西北	小型企业	44,442.80	908.99	2.20
西北	**总计**	**310,627.51**	**8,145.85**	**2.11**
总计		**5,913,168.03**	**152,588.50**	**2.24**

图 5-52 矩阵

114

5.3.24　分解树

分解树可以根据用户选择的条件和维度，在数据集中进行逐层的展开和深入挖掘。用户可以通过交互式操作，查找下一个类别或维度，进一步细分数据，并深入分析数据之间的关联性。这种动态的数据探索方式可以帮助用户快速发现隐藏在数据背后的有价值信息，做出更明智的决策。

分解树通过人工智能技术，根据数据的特征和模式，自动推荐最有可能的下一个类别或维度，帮助用户更快速地探索数据并进行根本原因分析。这种智能化的数据分析工具使用户能够更高效地处理复杂的数据集，快速做出数据驱动的决策。

Power BI 绘制分类树视觉对象的主要步骤如下：

① 单击"可视化"窗格中的"分类树"图标。

② 在"数据"窗格中，将"销售额"拖拽到"可视化"窗格的"分析"设置项。

③ 将"地区""商品类别""子类别""客户类型"4个字段拖拽到"解释依据"设置项。

④ 为视觉对象添加标题"2023年不同地区商品销售额分解树"。

根据需求对图形进行适当的调整，如视图大小和标题等，最后绘制的2023年不同地区商品销售额分解树，如图5-53所示。

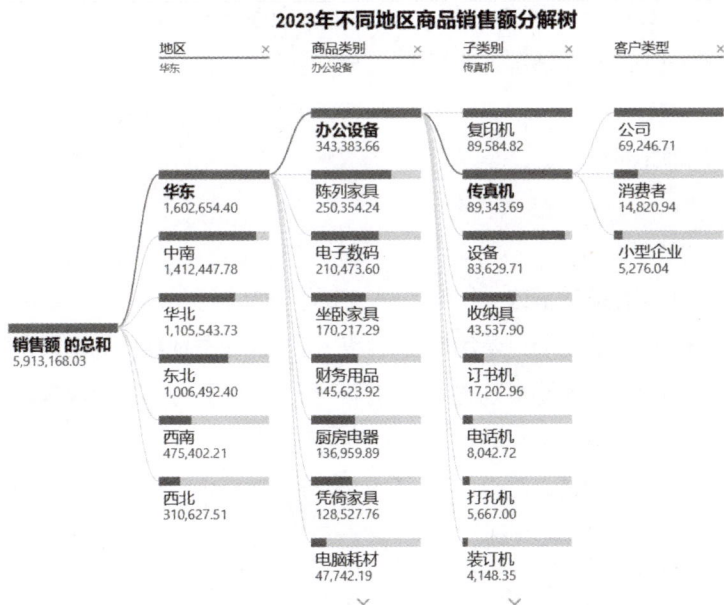

图 5-53　分解树

115

5.3.25 其他视图

（1）仪表

仪表通过圆弧来展示在实现目标或关键绩效指标方面的进度。仪表的指针代表目标或目标值，背景色表示实现目标的进度，弧内的数值显示当前的进度值。在 Power BI 中，所有值会沿弧线均匀分布，从最小值（位于最左侧）到最大值（位于最右侧）。

（2）KPI

关键绩效指标（KPI）是一种视觉工具，用于展示针对可度量目标的完成进度。KPI 由特定的计算字段支持，旨在帮助用户快速评估指标当前的值和状态，以对比定义的目标。KPI 通过目标值（由度量值或绝对值定义）来衡量基于基本度量值的表现。在需要度量进度时，KPI 是一个理想的选择，同时它也适用于度量与目标的距离。

（3）地图

地图视觉对象可用于将数据地理位置可视化。通过地图视觉对象，用户可以在地图上显示相关的数据点、区域或路径，以便更直观地理解数据。还可以快速了解数据在地理空间中的分布情况，比如销售地点的分布、客户地理位置的集中度等。地图视觉对象在 Power BI 中是一个有用的工具，可以帮助用户更好地探索和呈现数据的地理特征。

（4）着色地图

着色地图可以根据数据的值或类别对地图的不同区域进行着色，以显示数据在空间上的分布情况和趋势。通过着色地图，用户可以快速发现数据的空间分布规律，识别出数据值高低或不同类别之间的差异，帮助用户更好地了解数据和做出决策。着色地图是 Power BI 中常用的数据可视化工具之一，可以帮助用户有效地呈现和沟通数据的地理特征。

（5）Azure 映射

在 Power BI 中，用户可以使用 Azure Maps 视觉对象来将 Azure Maps 地

图集成到报表中，并展示地理空间数据。通过Azure Maps视觉对象，用户可以在Power BI报表中显示地图数据，并进行交互式操作，例如放大、缩小、拖动等。通过使用Azure Maps视觉对象，用户可以更好地理解和解释地理位置数据，从而支持数据驱动的决策过程。

（6）R 脚本视觉对象

在Power BI中，用户可以使用R脚本视觉对象来执行R语言脚本，并将R语言的图形、分析结果嵌入到Power BI报表中。R脚本视觉对象使得用户可以利用R语言的强大统计分析和数据可视化功能，对Power BI中的数据进行进一步的分析和呈现。通过执行R脚本，用户可以进行数据预处理、统计分析、机器学习建模等操作，并在Power BI中展示R语言的图形结果。

（7）Python 视觉对象

在Power BI中，用户可以使用Python视觉对象来执行Python脚本，从而进行数据处理、分析和可视化，并将Python生成的图形和结果嵌入到Power BI报表中。Python视觉对象提供了用户在Power BI中使用Python进行数据处理和分析的功能，为用户提供了更多的数据分析和可视化选项。通过Python视觉对象，用户可以灵活地在Power BI中执行Python代码，进行各种数据操作和分析，例如数据清洗、数据转换、特征工程、模型训练等。

（8）关键影响者

在数据分析中，关键影响者指的是在某一指标或结果中产生显著影响的变量或因素。通过识别关键的影响者，可以更好地理解数据中的关联关系，找出主要影响因素，做出更有效的决策或预测。

（9）问答

Power BI中的问答视觉对象是用于配置和展示自然语言查询结果的一种视觉元素。通过问答视觉对象，用户可以设置自然语言查询，即用户可以通过输入问题或关键词来获取所需的数据和信息，并将这些查询结果以文本的形式展示在报表中。

（10）叙述

在Power BI中，叙述视觉对象是一种用于提供数据分析结果解释、故事叙

117

述和可视化报告说明的交互式组件。通过叙述视觉对象，用户可以以文本形式添加注释、描述、解释报表中的数据和可视化内容，帮助观众更好地理解数据故事和分析结论。

⊙ （11）指标（预览）

Power BI中的指标（预览）视觉对象是一种用于展示和跟踪关键业务指标的交互式组件。通过指标（预览）视觉对象，用户可以快速查看和监控关键指标的数值，并实时了解数据变化，帮助用户更好地了解业务绩效和趋势。

⊙ （12）分页报表

分页报表视觉对象是为Power BI报表引入了分页报表功能，将分页报表与Power BI报表中的其他视觉对象集成。我们可以将Power BI语义模型中的字段映射为分页报表视觉对象的参数值。这种映射字段的功能提供了与其他任何视觉对象相同的交互式体验。

⊙ （13）卡片（新）

Power BI中的卡片（新）视觉对象是一种用于展示单个指标或数值的简洁和直观的组件。通过卡片（新）视觉对象，用户可以快速查看并比较关键的数值信息，例如总销售额、平均订单数量、总利润等，以便更好地监控业务绩效和关键指标。

⊙ （14）切片器（新）

切片器是最常用的交互方式，Power BI之前的内置切片器虽然也很好用，但是设置十分简陋，难以做出美观的效果。新的切片器在原有切片器功能基础上，融入按钮的设计元素，灵活性和设计性大幅度提升。新切片器的格式设置非常灵活，可以进行形状、布局、标注值、图像和按钮的自定义调整。

⊙ （15）ArcGIS Maps for Power BI

ArcGIS Maps for Power BI是一个插件，可以让用户在Power BI中使用ArcGIS地图来直观地展示地理空间数据。通过集成ArcGIS Maps for Power BI，用户可以在Power BI报表中创建多种地图可视化效果，以更好地理解地理位置数据及其潜在的关联性。

（16）Power Apps for Power BI

Power Apps for Power BI视觉对象允许用户在Power BI报表中嵌入Power Apps应用程序，以实现更高度的定制化和交互性。通过结合 Power Apps 和 Power BI，用户可以在报表上下文中执行各种自定义的业务逻辑操作，从而实现更灵活、个性化的数据分析和操作。

（17）Power Automate for Power BI

Power Automate for Power BI视觉对象允许用户将Power Automate流程直接嵌入到Power BI报表中。通过添加Power Automate视觉对象，用户可以在报表中设置按钮或链接，使得用户可以通过单击按钮或链接来触发特定的自动化流程，可以为用户提供了一个方便、直观和智能的方式来执行自动化任务，从而提升报表的交互性和价值。

6

Power BI
自定义视觉对象

▼

　　Power BI除了自身默认自带的可视化视图之外，还具有极大的灵活性，用户能够根据自身的需求和创意来自定义更加丰富的展示效果。本章将详细介绍自定义可视化视图，包括如何导入自定义视觉对象、10种重要自定义视觉对象，使用的是电商企业的订单明细表。

6.1 自定义视觉对象概述

Power BI 中的自定义视觉对象是一种强大的功能扩展，它允许用户超越默认提供的视觉效果，以满足特定的数据分析和展示需求。

自定义视觉对象为用户提供了更多样化和个性化的选择。例如，一些行业特定的数据分析需求可能无法通过标准视觉对象准确呈现，这时自定义视觉对象就派上了用场。

通过使用自定义视觉对象，用户可以：

① 以独特的方式呈现数据，吸引观众的注意力，并更有效地传达关键信息。比如，使用特殊的图表类型或图形来突出数据的特点。

② 适应特定的业务场景和数据结构。例如，在医疗行业中展示复杂的病例数据，或者在金融领域展示特定的风险评估模型。

开发自定义视觉对象需要一定的技术知识和技能，通常涉及编程语言和开发工具。不过，一旦创建成功，它们可以在 Power BI 环境中轻松集成和使用。

常见的用于开发 Power BI 自定义视觉对象的工具包括：

① Power BI 视觉对象 SDK：这是一个基于 Node.js 的开源命令行工具，可通过 GitHub 获取，用于创建数据可视化效果。它支持基于 D3、jQuery 等热门 JavaScript 库，甚至可基于 R 语言脚本进行开发。

② Visual Studio Code：是用于开发 TypeScript 应用程序的理想集成开发环境（IDE）。在开发自定义视觉对象时，可用于编写和调试代码。

③ Node.js：用于运行相关的安装命令和脚本。例如安装 pbiviz 包、所需的 JavaScript 库（如 D3）等。

④ D3：一个用于在 Web 浏览器中生成动态、交互式数据可视化的 JavaScript 库。它利用了广泛实施的 SVG（可缩放矢量图形）HTML5 和 CSS 标准。通过使用 D3，可以开发出各种自定义的数据可视化效果。

⑤ core-js：这是一个适用于 JavaScript 的模型标准库，它包含了 ECMAScript 的填充代码。

在开发自定义视觉对象时，通常需要具备一定的 Web 开发知识，特别是 JavaScript 和相关库的使用经验。开发过程一般包括创建项目、安装所需工具

121

和库、编写代码实现视觉对象的功能、进行测试和调试，最后将其打包为可在Power BI中使用的.pbiviz文件。

另外，如果我们想使用一些现有的自定义视觉对象，可以从Microsoft AppSource或其他来源获取并导入到Power BI中。这些视觉对象由不同的开发者或团队创建，并经过一定的测试和验证，可满足各种特定的数据分析和展示需求。同时，需要注意确保从可信来源获取和使用自定义视觉对象，以降低安全或隐私风险。

6.2　导入自定义视觉对象

Power BI自带的视觉对象已经比较丰富，但是一些特殊行业对于可视化分析要求比较高，自带的视觉对象还是不能满足分析需求。对于这些高级用户，Power BI让用户可以自定义视觉对象，主要有从应用商店导入和从离线文件导入两种方式。

6.2.1　从应用商店导入

可以通过Power BI界面"主页"选项下的"从AppSource"功能，搜索和加载需要的可视化视图，如图6-1所示。Microsoft AppSource是一个在线商店，其中包含由行业领先的软件提供商构建的数千种业务应用程序和服务。

图6-1　搜索和加载可视化视图

在弹出的"Power BI视觉对象"页面中，会显示所有可用的视觉对象，如图6-2所示。可以在"筛选条件"下拉框选择所需的视觉对象，也可以在"搜索"框中直接搜索需要的视觉对象。

图 6-2　选择视觉对象

在"Power BI视觉对象"界面，单击需要添加的可视化视觉对象，例如桑基图（Sankey Diagram），如图6-3所示。

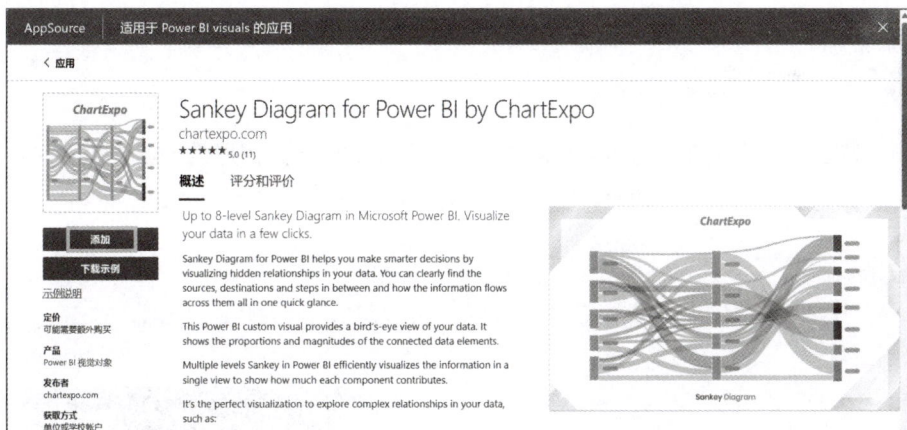

图 6-3　添加自定义可视化视图

在桑基图视觉对象对话框，单击"添加"按钮，将视觉对象导入报表，如图6-4所示。

桑基图视图对象将会被导入"可视化"窗格中，如图6-5所示。

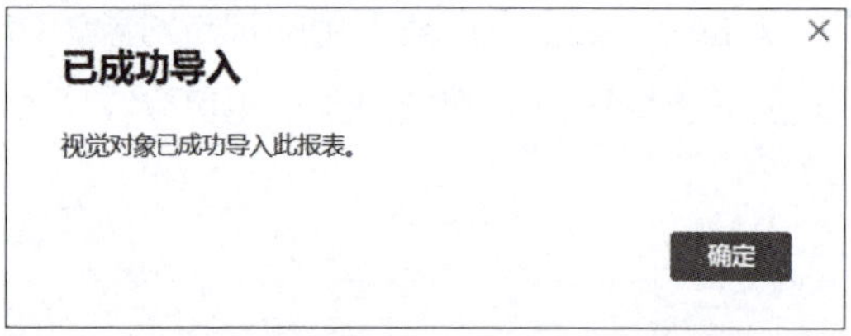

图 6-4　导入自定义视觉对象

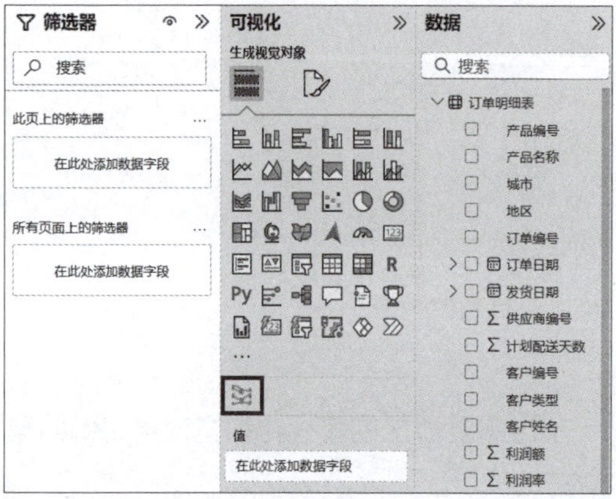

图 6-5　视觉对象导入后的效果

6.2.2　从离线文件导入

除了上述方法外，还可以从离线文件导入视觉对象，但是首先需要到微软的在线商店下载所需的视觉对象文件，然后再导入Power BI中，如图6-6所示。

图 6-6　搜索自定义视觉对象

在搜索框中输入所需的视图对象，例如雷达图（Radar Chart），然后单击键盘上的"Enter"键进行确认，再单击"安装"按钮即可，如图6-7所示。

图6-7　下载自定义视觉对象

在"确认详细信息以继续"页面，单击"立即获取"按钮，授权Microsoft使用或共享账户信息，以便就此产品与用户联系，如图6-8所示。这样雷达图视觉对象就会被下载到本地，文件名为"radarChartE89D21F3E4E64221B79113B5015EA81B.3.0.2.0.pbiviz"。

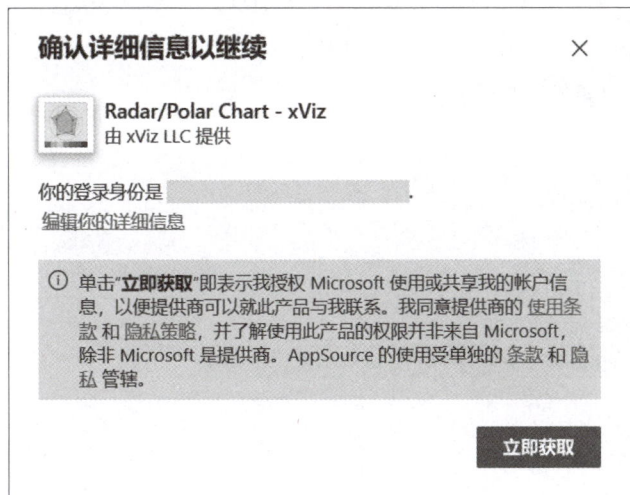

图6-8　"确认详细信息以继续"界面

可以通过Power BI界面"主页"选项下的"从我的文件"功能，搜索和加载需要的视觉对象，如图6-9所示。

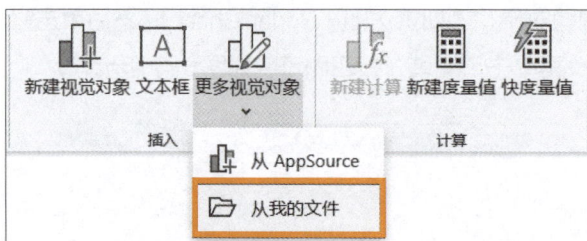

图 6-9　"从我的文件"

在"注意：导入自定义视觉对象"界面，自定义视觉对象并非由 Microsoft 提供，可能有安全或隐私风险，单击"导入"按钮，如图 6-10 所示。

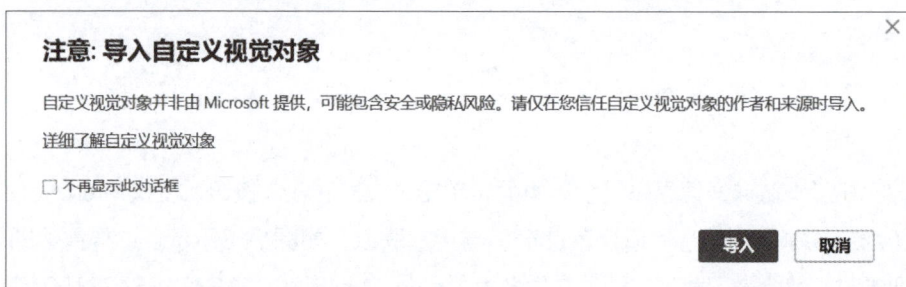

图 6-10　"注意：导入自定义视觉对象"界面

选择从"在线商店"下载的自定义视觉对象文件，例如上述下载的雷达图离线文件"radarChartE89D21F3E4E64221B79113B5015EA81B.3.0.2.0.pbiviz"，单击"打开"按钮，如图 6-11 所示。

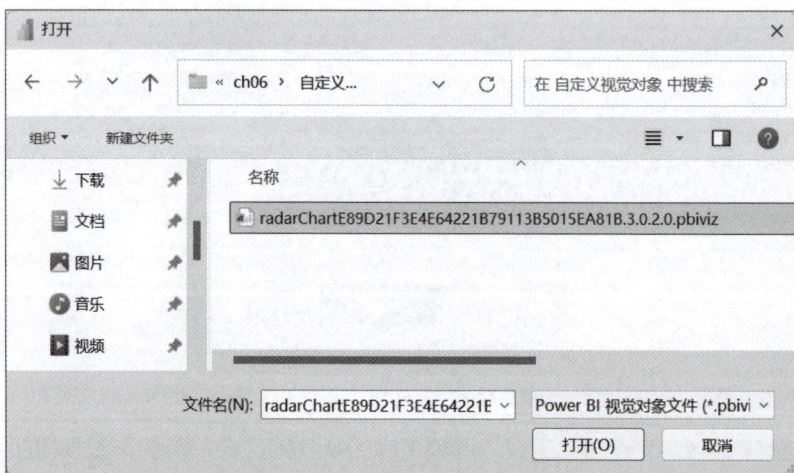

图 6-11　选择视觉对象文件

126

在"导入自定义视觉对象"对话框，单击"确定"按钮，如图6-12所示。

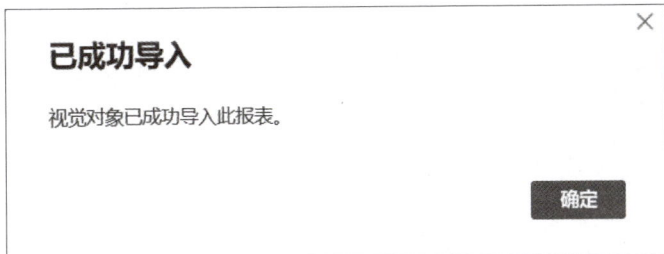

图6-12 "导入自定义视觉对象"对话框

雷达图视图对象将会被导入"可视化"窗格中，如图6-13所示。

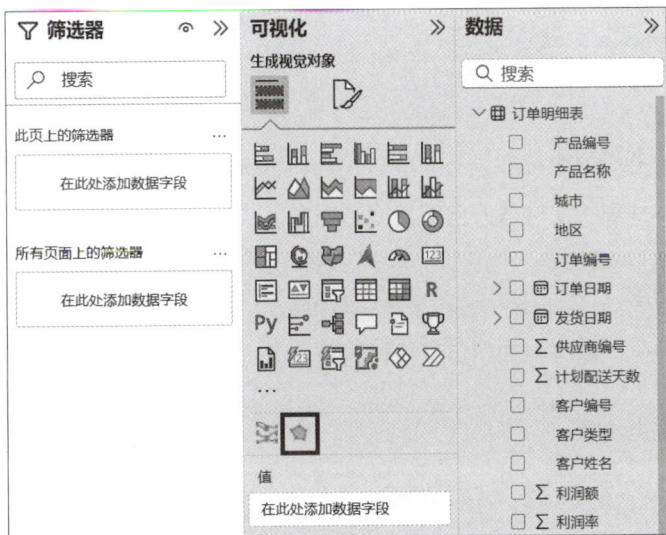

图6-13 自定义视觉对象导入后的效果

6.2.3 其他方式导入

除了上述方法外，还可以通过在Power BI界面单击"可视化"窗格下的"⋯"按钮导入自定义视觉对象，如图6-14所示。

下面对每个选项逐一进行说明：

（1）获取更多视觉对象

这种方式就是从应用商店导入自定义视觉对象。

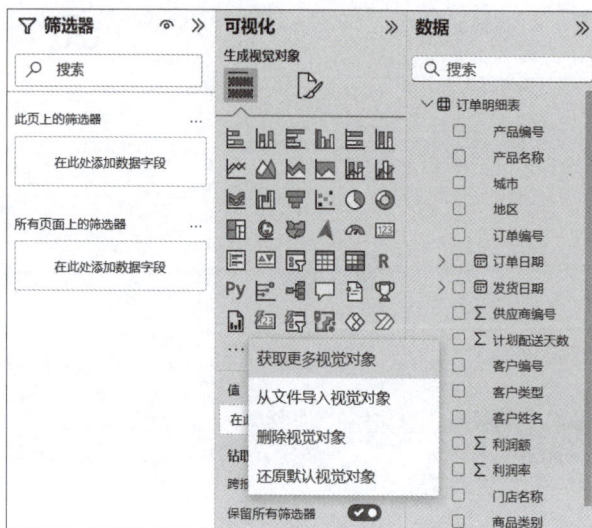

图 6-14 获取视觉对象

⭕ **（2）从文件导入视觉对象**

这种方式就是从本地离线文件导入自定义视觉对象。

⭕ **（3）删除视觉对象**

删除添加到"可视化"窗格中的自定义视觉对象。

⭕ **（4）还原默认视觉对象**

还原到Power BI软件默认自带的视觉对象。

6.3　重要自定义视觉对象

6.3.1　点线图

点线图是带有动画点的动画折线图，展示数据时，使用点线图为的是吸引观众，气泡的大小可以根据数据进行定制。当图表动画显示时，使用计数器显示正在运行的总数，格式选项提供了线条、点和动画。以下是关于点线图的详细阐述及其使用场景。

（1）点线图的构成

① 数据点：在点线图中，每个数据点代表在特定时间点或变量值上的测量结果。

② 连线：数据点之间通过线段连接起来，这些线段帮助观察者理解数据随时间或变量变化的趋势。

③ 坐标轴：通常情况下，点线图会有两个坐标轴，水平轴（X轴）表示时间或连续变量，垂直轴（Y轴）表示测量值或数据指标。

（2）点线图的使用场景

① 时间序列分析：点线图非常适合展示随时间变化的数据，如股票价格、气温变化、网站访问量等。

② 趋势预测：通过观察点线图中的趋势线，可以对未来的数据走向进行预测。

（3）点线图的局限性

① 过度拟合：如果数据点过于密集或变化无常，连线可能会产生误导，使得观察者误以为数据有一个平滑的趋势。

② 数据点覆盖：当数据点较多且数值相近时，某些点可能会被其他点覆盖，导致信息丢失。

③ 不适用于类别数据：点线图适用于连续数据，对于类别数据或离散数据，使用其他类型的图表可能更为合适。

（4）点线图可视化操作案例

在Microsoft Power BI中生成点线图的主要操作步骤如下：

① 导入点线图视觉对象，在"可视化"窗格中会出现其图标。

② 将"订单日期"拖拽到"日期"设置项。

③ 将"销售额"拖拽到"值"设置项，单击右侧的下拉框，选择"求和"选项。

④ 将"订单日期"拖拽到"筛选器"窗格，并设置数据范围为2023年12月份。

⑤ 为视觉对象添加标题"2023年12月份每日商品销售额分析"。

根据需求对图形进行适当的调整，如视图大小、X轴、Y轴、标题等，最后绘制的2023年12月份每日商品销售额分析点线图，如图6-15所示。

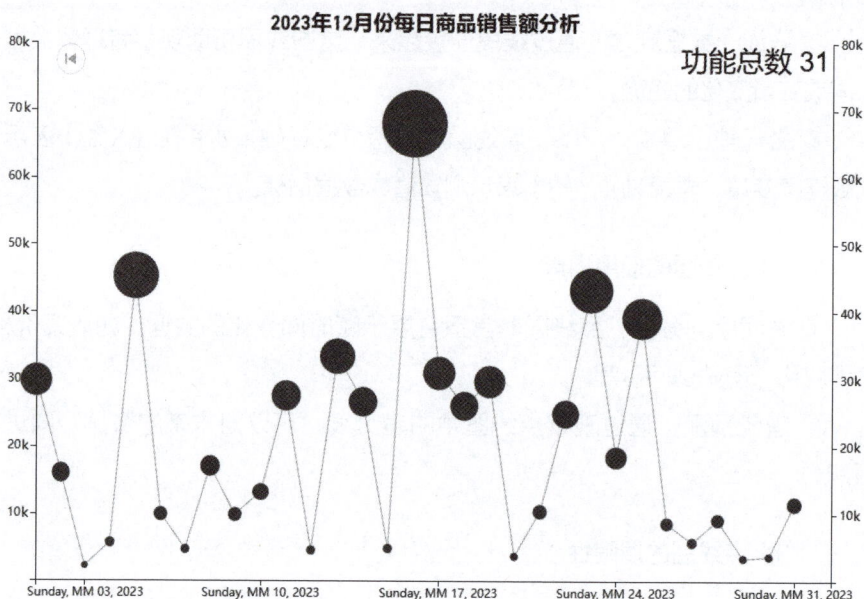

图 6-15　点线图

6.3.2　日历图

日历图是一种特殊的热图，它将数据按照日期分布在日历的格式上，每个日期块的颜色深浅代表数据的大小或某种指标的程度。以下是关于日历图的详细阐述及其使用场景。

⬤ （1）日历图的构成

① 日期块：日历图通常以月历的形式展示，每个月份被划分为若干个方格，每个方格代表一天。

② 颜色编码：每个日期块的颜色深浅表示数据的大小或某种指标的程度。通常，颜色越深表示数据值越大，颜色越浅表示数据值越小。

③ 图例：为了帮助解释颜色与数据值之间的关系，日历图通常会附带一个颜色图例，显示不同颜色对应的数据范围。

（2）日历图的使用场景

① 时间序列数据分析：日历图非常适合于展示和分析时间序列数据，如销售数据、网站流量、温度记录等。

② 销售与市场营销：销售团队可以使用日历图来分析销售趋势，市场营销团队可以用来评估促销活动的效果。

③ 用户行为分析：在产品管理和用户研究中，日历图有助于理解用户行为的时间模式，如用户活跃度、登录频率等。

（3）日历图的局限性

① 数据量限制：如果数据集包含的日期非常多，日历图可能会显得拥挤，难以阅读。

② 不适合类别数据：日历图主要适用于量化数据，对于非数值型的类别数据，其表现力有限。

③ 解释难度：对于不熟悉热图的用户来说，理解日历图中的颜色编码和数据意义可能存在一定的困难。

（4）日历图可视化操作案例

在Microsoft Power BI中生成日历图的主要操作步骤如下：

① 导入日历图视觉对象，在"可视化"窗格中会出现其图标。

② 将"订单日期"拖拽到"Category"设置项，选择日期类型为"日"。

③ 将"利润额"拖拽到"Value"设置项，单击右侧的下拉框，选择"求和"选项。

④ 将"订单日期"拖拽到"筛选器"窗格，并设置数据范围为2023年12月份。

⑤ 为视觉对象添加标题"2023年12月每日商品利润额分析"。

根据需求对图形进行适当的调整，如视图大小、标题等，最后绘制的2023年12月每日商品利润额分析日历图，如图6-16所示。

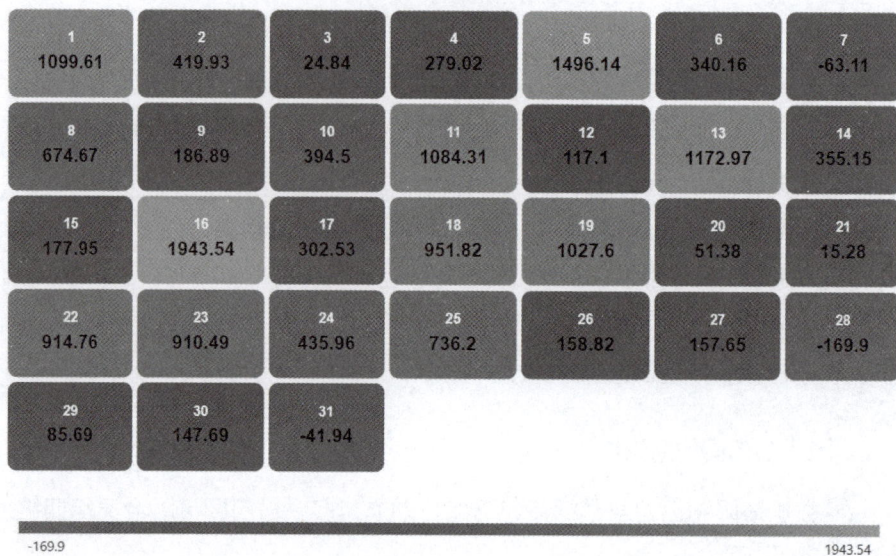

2023年12月每日商品利润额分析

1 1099.61	2 419.93	3 24.84	4 279.02	5 1496.14	6 340.16	7 -63.11
8 674.67	9 186.89	10 394.5	11 1084.31	12 117.1	13 1172.97	14 355.15
15 177.95	16 1943.54	17 302.53	18 951.82	19 1027.6	20 51.38	21 15.28
22 914.76	23 910.49	24 435.96	25 736.2	26 158.82	27 157.65	28 -169.9
29 85.69	30 147.69	31 -41.94				

-169.9　　　　　　　　　　　　　　　　　　　　　　　　　　　1943.54

图6-16　日历图

6.3.3　子弹图

子弹图可作为仪表板和仪表的替代品。它是带有额外视觉元素的条形图，以提供额外的上下文信息，主要用于追踪目标。子弹图将衡量标准与一个或多个其他衡量标准进行比较，以丰富其含义，子弹图可以是水平的或垂直的，可以堆叠以允许一次比较多个测量。以下是关于子弹图的详细阐述及其使用场景。

● **（1）子弹图的构成**

① 测量条：这是子弹图的主要部分，通常是一个水平的长条，其长度代表实际值。测量条的宽度可以根据需要进行调整。

② 目标标记：在测量条上，通常会有一个垂直的短条或线，表示目标值。

③ 辅助标记：有时子弹图还包括其他辅助标记，如前一个时期的数据，用于比较。

● **（2）子弹图的使用场景**

① 关键绩效指标（KPI）展示：子弹图非常适合用于展示和管理KPI，因为

132

它可以直观地显示实际表现与既定目标的对比。

② 业务报告：在月度、季度或年度报告中，子弹图可以帮助管理层快速了解业务表现。

③ 预算和销售目标：子弹图可以用于比较实际销售额与预算目标，以及与去年同期相比的表现。

（3）子弹图的局限性

① 信息密度：由于子弹图设计紧凑，信息量大，对于不熟悉这种图表的用户来说，可能需要一段时间来适应和理解。

② 有限的数据量：子弹图最适合展示单个指标，不适合展示大量数据或多维度的复杂信息。

（4）子弹图可视化操作案例

在Microsoft Power BI中生成子弹图的主要操作步骤如下：

① 导入子弹图视觉对象，在"可视化"窗格中会出现其图标。

② 将"门店名称"拖拽到"Category"设置项。

③ 将"实际配送天数"拖拽到"Actual"设置项，单击右侧的下拉框，选择"平均值"选项。

④ 将"计划配送天数"拖拽到"Target"设置项，单击右侧的下拉框，选择"平均值"选项。

⑤ 将"订单日期"拖拽到"筛选器"窗格，并设置数据范围为2023年。

⑥ 为视觉对象添加标题"2023年各门店实际和计划平均配送天数分析"。

根据需求对图形进行适当的调整，如视图大小、X轴、Y轴、标题等，最后绘制的2023年各门店实际和计划平均配送天数分析子弹图，如图6-17所示。

6.3.4　桑基图

桑基图是一种特殊类型的流程图，图中各部分的宽度对应数据的大小。通过桑基图可以清楚地找到源头、目的地和步骤，以及物品如何快速流过它们，也可以通过单击链接或流程本身来与其交互。以下是关于桑基图的详细阐述及其使用场景。

133

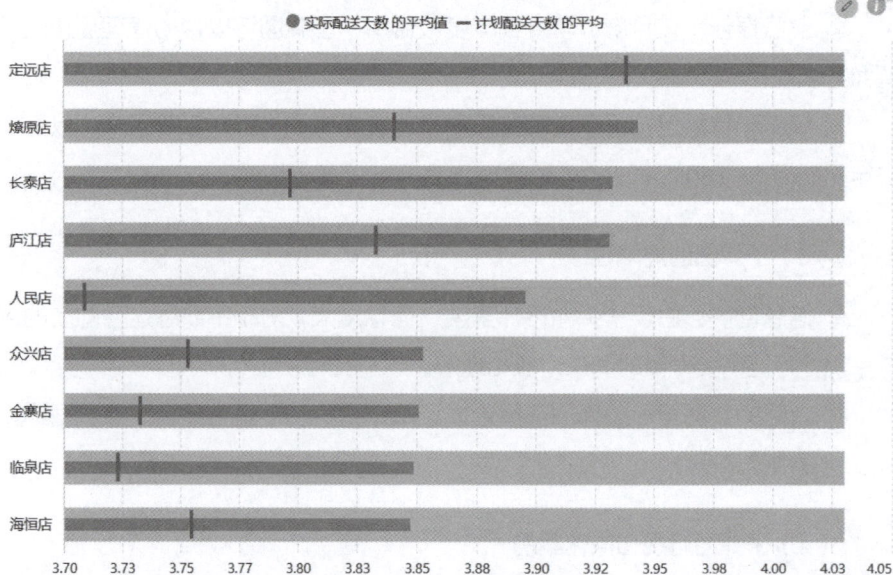

图 6-17　子弹图

（1）桑基图的构成

① 节点：节点代表流程中的各个阶段、过程或组成部分。节点通常用矩形或其他形状表示。

② 流动：流动是连接节点的带状路径，其宽度表示从一个节点到另一个节点的数据量或资源转移的相对大小。

③ 方向：桑基图中的流动具有方向性，通常从左到右或从上到下，表示资源的流向。

（2）桑基图的使用场景

① 能源流分析：桑基图常用于能源分析，展示能源从生产到最终使用的整个流程，包括能源转换和分配。

② 成本分配：在财务管理中，桑基图可以展示成本如何在不同的部门或项目中分配。

③ 生态系统分析：生态学家使用桑基图来展示能量或物质在生态系统中的转移，例如食物链和食物网。

（3）桑基图的局限性

① 数据量限制：桑基图在处理大量节点和流动时可能会变得复杂和难以解释。

② 布局困难：自动生成的桑基图可能不是最佳的视觉布局，有时需要手动调整。

③ 精确度问题：由于流动的宽度代表相对大小，精确数值可能不易从图中直接读取。

（4）桑基图可视化操作案例

在Microsoft Power BI中生成桑基图的主要操作步骤如下：

① 导入桑基图视觉对象，在"可视化"窗格中会出现其图标。

② 将"门店名称"拖拽到"源"设置项，"支付方式"拖拽到"目标"设置项。

③ 将"订单编号"拖拽到"称重"设置项，单击右侧的下拉框，选择"计数"选项。

④ 将"订单日期"拖拽到"筛选器"窗格，并设置数据范围为2023年。

⑤ 为视觉对象添加标题"2023年各门店订单支付方式分析"。

根据需求对图形进行适当的调整，如视图大小、X轴、Y轴、标题等，最后绘制的2023年各门店订单支付方式分析桑基图，如图6-18所示。

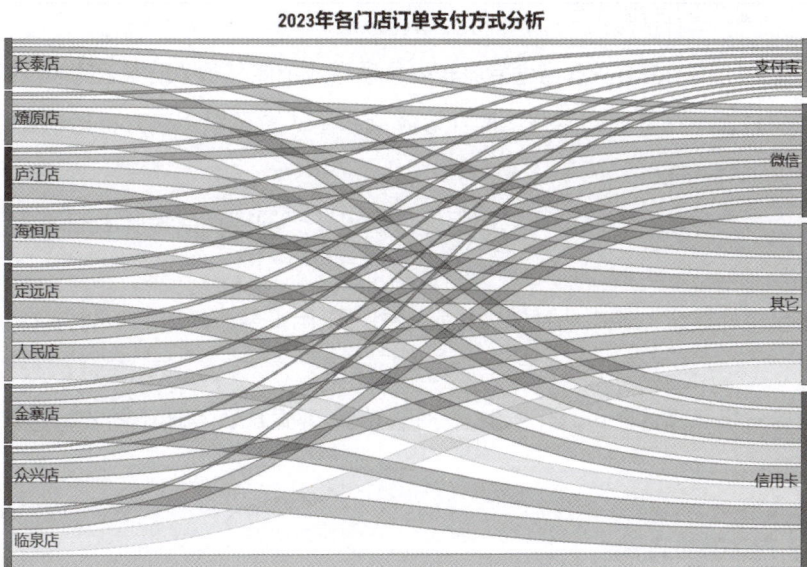

图6-18　桑基图

6.3.5 雷达图

雷达图又称蜘蛛网图，以同一点开始的轴上显示3个或多个定量变量的视图，轴的相对位置和角度通常是无意义的。每个变量都提供了一个从中心开始的轴，所有的轴径向排列，相互之间的距离相等，同时在所有的轴间保持相同的比例，每个变量值沿着其各自的轴线和数据集中的所有变量绘制并连接在一起形成一个多边形。以下是关于雷达图的详细阐述及其使用场景。

（1）雷达图的构成

① 轴：雷达图的每个轴代表一个变量或指标。轴的数量和位置根据数据的维度来确定。

② 数据点：在雷达图中，每个变量的数据值通过点在相应轴上标出，并通过线连接这些点形成多边形。

③ 多边形：连接数据点形成的多边形面积可以直观地表示数据值的分布情况。

④ 刻度：每个轴上都有刻度，表示变量的数值范围。

⑤ 图例：如果有多个数据系列，雷达图会包含图例来说明每个系列代表的内容。

（2）雷达图的使用场景

① 多变量比较：雷达图非常适合比较多个项目或个体在多个维度上的表现。

② 性能分析：在体育、游戏、商业等领域，雷达图可以用来分析运动员、玩家或公司的综合性能。

③ 个人能力评估：雷达图可以用于评估个人在多项技能或特质上的表现，如职业发展评估。

④ 产品特性展示：在市场营销中，雷达图可以用来展示产品的不同特性或功能。

⑤ 财务分析：雷达图可以用于财务分析，比较不同时间点或不同公司的财务指标。

（3）雷达图的局限性

① 刻度不一致：如果雷达图中各个轴的刻度不一致，可能会导致误解，因

为人们倾向于比较多边形的面积而不是实际的数值。

② 数据量限制：雷达图在展示大量数据时可能会显得拥挤和难以解读。

③ 解读难度：对于不熟悉雷达图的观众来说，可能难以理解其含义和数据的比较。

（4）雷达图可视化操作案例

在Microsoft Power BI中生成雷达图的主要操作步骤如下：

① 导入雷达图视觉对象，在"可视化"窗格中会出现其图标。

② 将"门店名称"拖拽到"Axis"设置项。

③ 将"利润额"拖拽到"Value"设置项，单击右侧的下拉框，选择"求和"选项。

④ 将"订单日期"拖拽到"筛选器"窗格，并设置数据范围为2023年。

⑤ 为视觉对象添加标题"2023年各门店商品利润额分析"。

根据需求对图形进行适当的调整，如视图大小、X轴（Axis）、标题等，最后绘制的2023年各门店商品利润额分析雷达图，如图6-19所示。

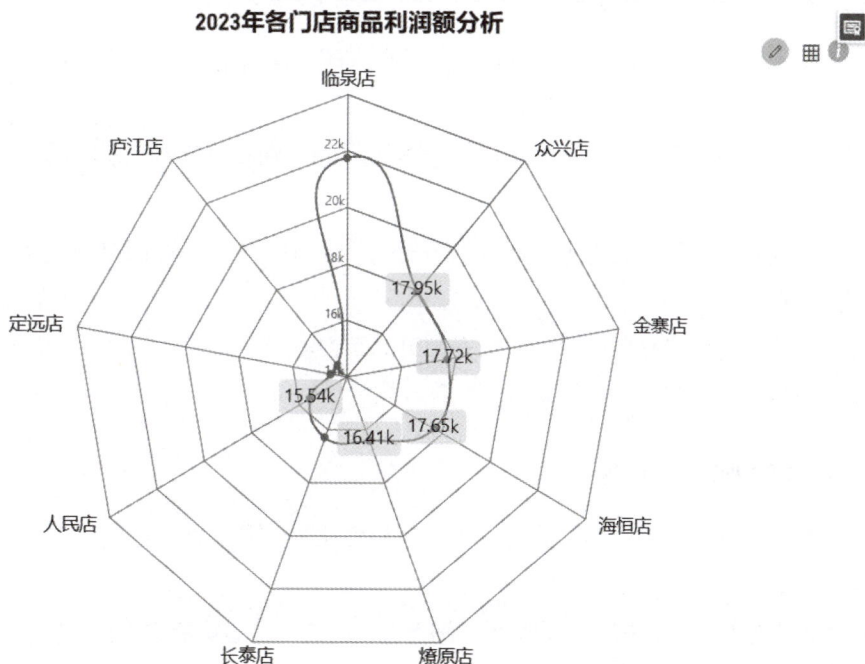

图6-19　雷达图

6.3.6 阳光图

阳光图又称为旭日图，是一种用于展示层次化数据的可视化工具。它通过多层的圆环切片来表示数据的不同级别，每个圆环切片代表数据的一个层级，中心是最高层级，向外扩展的圆环代表更细分的层级。以下是关于阳光图的详细阐述及其使用场景。

（1）阳光图的构成

① 中心点：阳光图的中心点代表数据的最高层级或根部。

② 圆环切片：从中心点向外延伸的圆环切片代表数据的下一层级，每个切片的大小通常表示该类别的数据量或比例。

③ 层级关系：阳光图通过圆环的嵌套关系来展示数据的层级结构，每个父级切片会被其子级切片进一步细分。

④ 颜色编码：不同的颜色用于区分不同的类别或组别，有助于视觉上的区分和理解。

（2）阳光图的使用场景

① 层级数据分析：阳光图非常适合展示具有明确层级结构的数据，如组织架构、文件系统、网站导航路径等。

② 比例分布展示：当需要展示各部分占整体的比例时，阳光图可以直观地显示不同层级或类别的相对大小。

③ 数据分块展示：在市场分析中，阳光图可以用来展示不同市场细分部分的销售情况。

④ 预算分配：在财务管理中，阳光图可以用来展示预算在不同部门或项目中的分配情况。

（3）阳光图的局限性

① 数据量限制：当数据量非常大或层级非常深时，阳光图可能会变得复杂和难以解读。

② 文本标签限制：由于空间有限，阳光图上的文本标签可能难以全部显示，或者显示后影响图表的整体美观。

③ 视觉误导：由于圆环切片的角度和面积不容易精确比较，可能会造成视觉上的误解。

（4）阳光图可视化操作案例

在Microsoft Power BI中生成阳光图的主要步骤如下：

① 导入阳光图视觉对象，在"可视化"窗格中会出现其图标。

② 将"商品类别""子类别"拖拽到"组"设置项。

③ 将"订单日期"拖拽到"筛选器"窗格，并设置数据范围为2023年。

④ 为视觉对象添加标题"2023年不同商品类别与子类别销售额分析"。

根据需求对图形进行适当的调整，如视图大小、X轴、Y轴、标题等，最后绘制的2023年不同商品类别与子类别销售额分析阳光图，如图6-20所示。

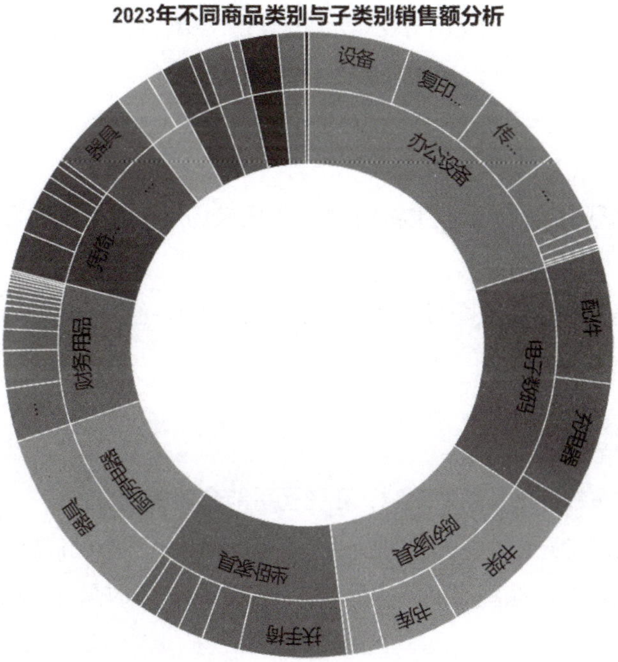

图6-20　阳光图

6.3.7　和弦图

和弦图又称为和弦图矩阵，是一种特殊类型的网络图，用于展示多个实体之间的相互关系或流量。它通过圆环上的弧段（称为"弦"）和连接这些弧段的曲

139

线（称为"和弦"）来表示数据流或连接强度。以下是关于和弦图的详细阐述及其使用场景。

（1）和弦图的构成

① 弧段：和弦图由圆环上的多个弧段组成，每个弧段代表一个实体或分类。

② 和弦：连接不同弧段的曲线表示实体之间的联系或流动。和弦的宽度通常表示连接的强度或流量的大小。

③ 颜色编码：不同的弧段和和弦可以用不同的颜色来表示，以区分不同的实体或关系。

④ 标签：每个弧段都有标签来标识它代表的实体。

（2）和弦图的使用场景

① 关系网络分析：和弦图非常适合于展示复杂的关系网络，如社交网络、组织间的合作关系等。

② 流量分析：在交通、物流和网络流量分析中，和弦图可以用来展示不同节点之间的流量分布。

③ 数据交换：在金融领域，和弦图可以用来展示不同市场或资产之间的资金流动。

④ 通信分析：在通信行业，和弦图可以用来展示电话网络中不同区域间的通话流量。

（3）和弦图的局限性

① 可读性：当实体数量较多或关系复杂时，和弦图可能会变得难以解读。

② 精确度：和弦图的视觉元素（如和弦宽度）可能难以精确传达数值信息。

③ 布局问题：自动生成的和弦图可能不是最佳的视觉布局，有时需要手动调整。

（4）和弦图可视化操作案例

在Microsoft Power BI中生成和弦图的主要操作步骤如下：

① 导入和弦图视觉对象，在"可视化"窗格中会出现其图标。

② 将"地区"拖拽到"从"设置项，"支付方式"拖拽到"到"设置项。

③ 将"订单编号"拖拽到"值"设置项，单击右侧的下拉框，选择"计数"选项。

④ 将"订单日期"拖拽到"筛选器"窗格，并设置数据范围为2023年。

⑤ 为视觉对象添加标题"2023年不同地区订单支付方式分析"。

根据需求对图形进行适当的调整，如视图大小、X轴、Y轴、标题等，最后绘制的2023年不同地区订单支付方式分析和弦图，如图6-21所示。

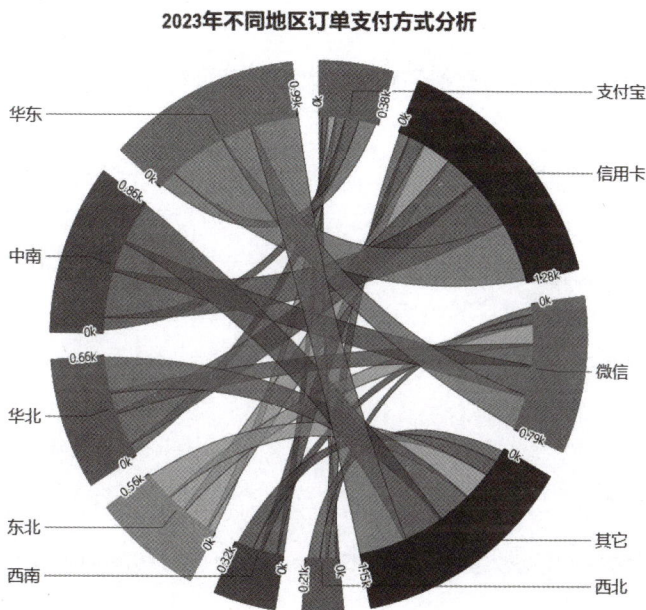

图 6-21　和弦图

6.3.8　阿斯特图

阿斯特图是一种用于展示多维数据的可视化工具。它与雷达图相似，但提供了更多的细节和灵活性，特别是在展示多个数据系列时。阿斯特图通过放射状的线条来表示数据，每个线条代表一个维度或变量。以下是关于阿斯特图的详细阐述及其使用场景。

（1）阿斯特图的构成

① 中心点：阿斯特图的中心点代表数据的起始点，所有数据维度都从中心点向外辐射。

② 轴：每个轴代表一个数据维度或变量，轴的数量和方向根据数据的维度来确定。

③ 数据点：在轴上，数据点表示特定维度上的数值。这些点通常通过线段连接，形成多边形。

④ 颜色编码：不同的数据系列可以用不同的颜色来区分。

⑤ 标签：每个轴上通常会有标签来标识所代表的数据维度。

（2）阿斯特图的使用场景

① 多变量比较：阿斯特图非常适合于比较多个数据系列在多个维度上的表现。

② 性能分析：在体育、游戏、商业等领域，阿斯特图可以用来分析运动员、玩家或公司的综合性能。

③ 市场研究：市场研究人员可以使用阿斯特图来比较不同产品或服务的多个特性。

④ 财务分析：阿斯特图可以用于财务分析，比较不同时间点或不同公司的财务指标。

（3）阿斯特图的局限性

① 解读难度：对于不熟悉阿斯特图的观众来说，可能难以理解其含义和数据的比较。

② 数据量限制：当数据维度过多或系列过多时，阿斯特图可能会显得拥挤和难以解读。

③ 精确度问题：由于数据点之间的连线，可能会对数值的精确比较造成困难。

（4）阿斯特图可视化操作案例

在Microsoft Power BI中生成阿斯特图的主要步骤如下：

① 导入阿斯特图视觉对象，在"可视化"窗格中会出现其图标。

② 将"门店名称"拖拽到"类别"设置项。

③ 将"利润率"拖拽到"Y轴"设置项，单击右侧的下拉框，选择"平均值"选项。

④ 将"订单日期"拖拽到"筛选器"窗格，并设置数据范围为2023年。

⑤ 为视觉对象添加标题"2023年各门店平均商品利润率分析"。

根据需求对图形进行适当的调整，如视图大小、X轴、Y轴、标题等，最后绘制的2023年各门店平均商品利润率分析阿斯特图，如图6-22所示。

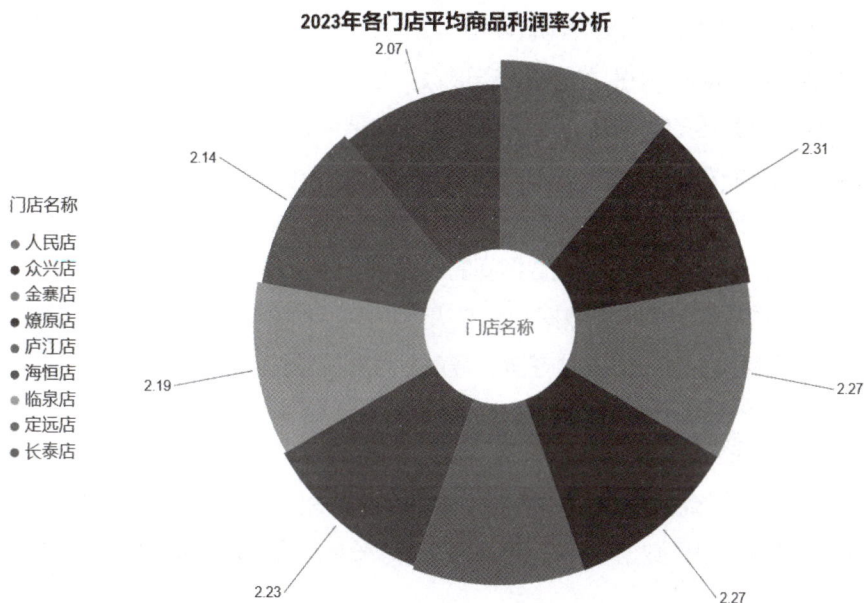

图6-22　阿斯特图

6.3.9　小提琴图

小提琴图是一种用于展示数据分布情况的可视化图表，它结合了箱型图和密度图的特点，能够提供比箱型图更丰富的信息。以下是关于小提琴图的详细阐述及其使用场景。

（1）小提琴图的构成

① 数据密度：小提琴图两侧的对称曲线表示数据密度，类似于密度图。曲线的宽度代表该数据值出现的频率，越宽表示该值越集中。

② 四分位数：内部的黑色矩形线（箱体）显示了数据的四分位数，包括下四分位数（Q1）、中位数（Q2）和上四分位数（Q3）。这些与箱型图中的线条相同。

143

③ 内限与外限：箱体内部的白色线条（胡须）延伸至数据的最小值和最大值，但通常只延伸到四分位数之外的一定倍数的标准差，以排除异常值。超出此范围的数据点通常被视为异常值，并用单独的点表示。

（2）小提琴图的使用场景

① 数据分布比较：当需要比较多个组别的数据分布时，小提琴图特别有用。它可以直观地展示不同组别数据的分布形状、四分位范围以及潜在的异常值。

② 高密度数据的可视化：对于具有大量数据点且数据密度较高的数据集，小提琴图能够有效地展示数据的密集区域。

③ 多组数据对比：当需要同时比较多个组别的数据分布时，可以将多个小提琴图并排放置，便于比较各组数据间的差异。

④ 探索性数据分析：在数据分析的初步阶段，小提琴图可以帮助研究者快速识别数据的基本特征，如集中趋势、离散程度和异常值。

（3）小提琴图的局限性

① 准确度：当数据量较少时，小提琴图的密度估计可能不够准确。

② 误导性：如果数据中存在多个不同的分布，小提琴图会将它们混合在一起，导致误解。

③ 解释难度：对于不熟悉统计图表的用户来说，小提琴图可能比箱型图更难理解。

（4）小提琴图可视化操作案例

在Microsoft Power BI中生成小提琴图的主要操作步骤如下：

① 导入小提琴图视觉对象，在"可视化"窗格中会出现其图标。

② 将"销售额"拖拽到"Sampling"设置项。

③ 将"销售额"拖拽到"Measure Data"设置项，单击右侧的下拉框，选择"总和"选项。

④ 将"门店名称"拖拽到"Category"设置项。

⑤ 将"订单日期"拖拽到"筛选器"窗格，并设置数据范围为2023年。

⑥ 为视觉对象添加标题"2023年各门店商品销售额分析"。

根据需求对图形进行适当的调整，如视图大小、X轴、Y轴、标题等，最后绘制的2023年各门店商品销售额分析小提琴图，如图6-23所示。

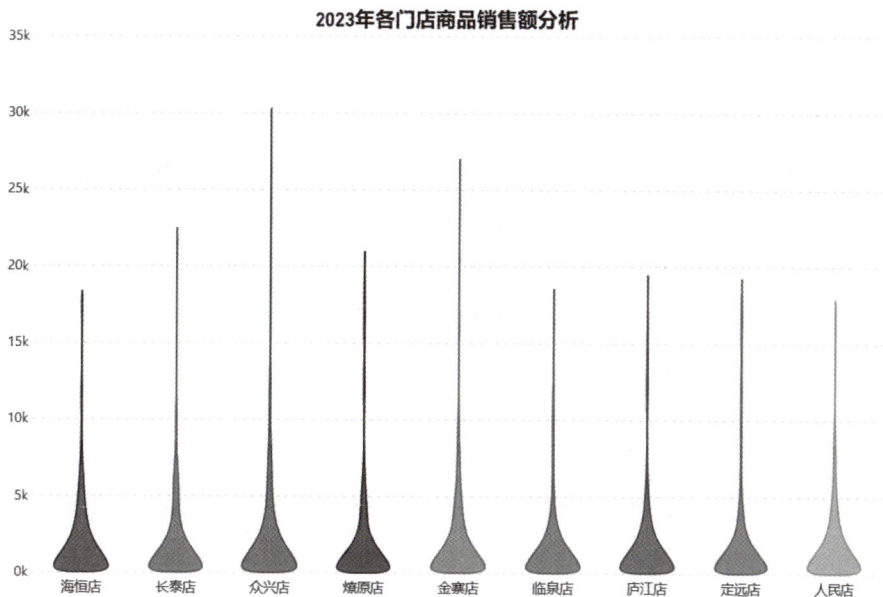

图6-23　小提琴图

6.3.10　词云

词云又称为文字云或标签云，是一种以视觉化的方式展示文本数据中关键词频率的图表。在词云中，每个关键词都由不同大小或颜色的文字表示，文字的大小或颜色通常与其在文本中出现的频率成正比。以下是关于词云的详细阐述及其使用场景。

（1）词云的构成

① 关键词：词云由多个关键词组成，这些关键词是从输入文本中提取出来的。

② 字体大小：通常情况下，关键词的字体大小与其在文本中出现的频率成正比，出现次数越多，字体越大。

③ 颜色：关键词的颜色可以是随机分配的，也可以根据特定的分类或频率来设定。

④ 布局：词云中的关键词以非规则的布局排列，可以是水平、垂直或任

意方向。

⑤ 形状：有时词云会根据特定的形状进行排列，如圆形、心形或其他自定义形状。

（2）词云的使用场景

① 文本分析：词云常用于快速识别大量文本数据中的主要主题和关键词。

② 社交媒体分析：在社交媒体分析中，词云可以用来展示用户对某个话题或品牌的情绪和关注点。

③ 市场研究：市场研究人员使用词云来分析消费者评论、问卷调查和市场报告中的关键词。

④ 教育培训：教育工作者可以用词云来展示课程内容的关键词，帮助学生快速把握重点。

⑤ 新闻摘要：新闻机构可以用词云来制作新闻摘要，展示新闻报道中的热点话题。

（3）词云的局限性

① 精确度问题：词云无法精确展示关键词的具体频率，只能提供一个大致的视觉印象。

② 语义理解：词云无法理解词语的上下文含义，因此可能会忽略一些重要的语义信息。

③ 布局限制：在布局密集的词云中，一些关键词可能会重叠，影响可读性。

（4）词云可视化操作案例

在 Microsoft Power BI 中生成词云的主要操作步骤如下：

① 导入词云视觉对象，在"可视化"窗格中会出现其图标。

② 将"子类别"拖拽到"类别"设置项。

③ 将"销售额"拖拽到"值"设置项，单击右侧的下拉框，选择"求和"选项。

④ 将"订单日期"拖拽到"筛选器"窗格，并设置数据范围为2023年。

⑤ 为视觉对象添加标题"2023年不同类别商品销售额词云"。

根据需求对图形进行适当的调整，如视图大小、X轴、Y轴、标题等，最后绘制的2023年不同类别商品销售额词云，如图6-24所示。

2023年不同类别商品销售额词云

图6-24　词云

7

Power BI
数据分析表达式

数据分析表达式语言是一种公式语言，简称DAX表达式，其允许用户定义自定义计算。DAX包含一些在Excel公式中使用的函数，此外还包含其他设计用于处理关系数据和执行动态聚合的函数。本章介绍DAX表达式的基础知识及其常用函数、表工具和应用案例等。

7.1 DAX 表达式基础

7.1.1 DAX 重要术语

DAX公式与Excel公式非常相似，要创建DAX公式，先输入一个等号，后跟函数名或表达式以及所需的任何值或参数，DAX支持常见的4种运算符：算术运算符（+、−、*、/、^）、比较运算符（=、>、<、<=、>=、<>）、文本运算符（&）、逻辑运算符（&&、||）。

DAX表达式的格式如下：

```
销售额=SUM(表名[列名])
```

即所有的公式必须引用表名，先指定表名再指定列名。

数据分析表达式中的重要术语如下。

⭕ （1）分析查询

Power BI视觉对象使用分析查询来查询数据模型。分析查询通过三个不同的阶段尽力减少可能较大的数据量和模型复杂度：筛选、分组和汇总。当字段分配给报表视觉对象时，系统将自动创建分析查询。报表设计者可以控制字段赋值的行为，具体方法是通过重命名字段、修改汇总方法或禁用汇总实现分组。在设计报表时，可以将筛选器添加到报表、报表页或视觉对象中。在阅读视图中，可以在"筛选器"窗格中修改筛选器，也可以通过与切片器和其他视觉对象的交互（交叉筛选）来修改筛选器。

⭕ （2）空白

DAX将缺失值定义为BLANK。它相当于SQL中的NULL，但其行为不完全相同。它与 Excel及其定义空单元格的方式关联更紧密。BLANK将计算为零或空字符串（结合其他操作时）。例如BLANK + 60 = 60，始终使用大写字母，复数形式为 BLANKs，带有小写"s"。

⭕ （3）计算列

一种用于通过编写DAX公式向表格模型添加列的模型计算。公式必须返回标量值，并计算表中的每一行。可以将计算列添加到Import（导入模式）或DirectQuery（直接连接模式）存储模式表。计算列属于迭代运算，要使用迭代函数，如sumx、maxx、filter等。

（4）计算度量值

在表格建模中，没有"计算度量值"这样的概念。应改用度量值。"计算"一词用于描述计算表和计算列。这可以将它与源自Power Query的表和列区分开来。Power Query没有度量值的概念。

（5）计算表

一种用于通过编写DAX公式向表格模型添加表的模型计算。公式必须返回表对象。这会生成一个使用Import存储模式的表。像用Filter筛选出一个新表，SUMMARIZECOLUMNS分组聚合后形成一个新表，均属于计算表，这些表也可以添加到数据模型。

（6）计算

将一个或多个输入转换为一个或多个结果的有意而为的过程。在表格数据模型中，计算对象可以是模型对象，要么是计算表、计算列，要么是度量值。包括算术运算、取值运算（取表格的行）、逻辑运算、文本处理运算等。

（7）上下文

描述计算DAX公式的环境。分为两类上下文：行上下文和筛选上下文。行上下文表示"当前行"，用于计算表迭代器使用的计算列公式和表达式。筛选上下文用于计算度量值，它表示直接应用于模型列的筛选器以及由模型关系传播的筛选器。

（8）DAX

数据分析表达式（DAX）语言是一种适用于Excel中的Power Pivot、Power BI、Azure Analysis Services 和 SQL Server Analysis Services 中的表格建模的公式语言。还可以使用DAX添加数据模型计算并定义行级安全性（RLS）规则。

150

（9）动态安全性

当使用报表用户的身份强制实施行级安全性规则时，这些规则使用用户的账户名筛选表，可使用USERNAME 或 USERPRINCIPALNAME 函数完成此操作。

（10）表达式 Expression

计算并返回结果的DAX逻辑单元。表达式可以声明变量，在这种情况下，将为它们分配子表达式，它们必须包含输出最终表达式的 RETURN 语句。表达式是通过模型对象（表、列或度量值）、函数、运算符或常量来构造的。

（11）字段

数据模型资源显示在"数据"窗格中。字段用于配置报表筛选器和视觉对象。字段由模型列、层次结构级别和度量值组成。

（12）公式

用于定义模型计算的一个或多个DAX表达式，内部表达式称为子表达式。

（13）函数

DAX函数包含允许传入形参的实参。公式可以使用很多函数调用，可能会将函数嵌套在其他函数中。在公式中，函数名称后面必须有括号，在括号内，传递参数。

（14）MDX

多维表达式 (MDX) 语言是一种用于SQL Server Analysis Services多维模型（也称为多维数据集）的公式语言。MDX可用于查询表格模型，但它不能定义隐式度量值。它只能查询已在模型中定义的度量值。

（15）度量

用于实现汇总的计算。度量值可以是隐式的，也可以是显式的。显式度量值是通过编写DAX公式添加到表格数据模型的计算。度量值公式必须返回标量值。在"数据"窗格中，显式度量值带有计算器图标。显式度量值通常称为度量值。

151

（16）快速度量

Power BI中的一项功能，该功能让人们无需为通常定义的度量值编写DAX公式。快速度量值包括每个类别的平均值、排名、与基线的差异。

7.1.2　DAX 数据类型

DAX主要有6种数据类型，分别是整数（Integer）、十进制数（Decimal）、货币（Currency）、日期/时间（Date Time）、布尔值（Boolean）和文本（String），如表7-1所示。

表7-1　DAX支持的数据类型

数据类型	说明
整数	-2^{63} ~ $2^{63}-1$
十进制数	负值：-1.79×10^{308} ~ -2.23×10^{-308}。零(0)。正值：2.23×10^{-308} ~ 1.79×10^{308}。限制为17位十进制数字
货币	-9.22×10^{14} ~ 9.22×10^{14}。限制为4个十进制数字的固定精准率
日期/时间	有效值是 1900 年 1 月 1 日后的所有日期
布尔值	TRUE 或 FALSE
文本	Unicode 字符串

（1）整数

DAX 只有一个整数数据类型，存储 64 位的整数。DAX中的整数值之间的所有内部计算都使用64位整数。它支持19位数，从$-9,223,372,036,854,775,807$（$-2^{63}+1$）到$9,223,372,036,854,775,806$（$2^{63}-2$）的正数或负数。在需要控制舍入的情况下，整数类型非常有用。

（2）十进制数

十进制数总是以双精度浮点值的形式存储。不要将这种DAX数据类型与Transact-SQL的十进制和数字数据类型混淆。在SQL中，DAX十进制数字的对应数据类型是浮点。

（3）货币

货币数据类型存储固定的十进制数。它可以表示为4位的小数，内部存储为64位的整数值除以10000。在货币数据类型之间执行的所有计算总是忽略4位小数点后面的小数。如果需要更精确的数据，则必须进行十进制数据类型的转换。

货币数据类型的默认格式包括货币符号。用户可以将货币格式应用于整数和十进制数，还可以使用一种不带货币符号的格式来表示货币数据类型。

⭕ （4）日期/时间

DAX在日期/时间数据类型中存储日期。这种格式内部使用浮点数，其中整数对应于1899年12月31日以来的天数，而小数部分则表示当天的份数。小时、分钟和秒被转换成一天的小数部分。

⭕ （5）布尔值

布尔数据类型用于表示逻辑条件。可以将布尔数据类型视为数字，其中TRUE=1 和 FALSE=0。这在排序时很有用，因为TRUE >FALSE。相反的，如果在逻辑判断中直接使用数字，那么0将会被视为FALSE。

⭕ （6）文本

DAX中的每个字符串都存储为Unicode字符串，其中每个字符以16位存储。默认情况下，字符串之间的比较是不区分大小写的。

7.1.3　DAX 运算符

数据分析表达式（DAX）语言使用运算符来创建表达式，用以比较值、执行算术计算或处理字符串。有4种不同类型的运算符：算术运算符（表7-2）、比较运算符（表7-3）、文本串联运算符（表7-4）和逻辑运算符（表7-5）。

⭕ （1）算术运算符

表7-2　算术运算符

运算符	含义	示例
+（加号）	加	3+3
−（减号）	减/正负号	3−1

153

运算符	含义	示例
*（星号）	乘	3*3
/（正斜杠）	除	3/3
^（插入号）	求幂	16^4

（2）比较运算符

表7-3　比较运算符

运算符	含义	示例
=	等于	[Region] = "USA"
>	大于	[Sales Date] > "Jan 2009"
<	小于	[Sales Date] < "Jan 1 2009"
>=	大于等于	[Amount] >= 20000
<=	小于等于	[Amount] <= 100
<>	不等于	[Region] <> "USA"

（3）文本串联运算符

表7-4　文本串联运算符

运算符	含义	示例
&（与号）	连接（或串联）两个值以生成一个连续的文本值	[Region] & "," & [City]

（4）逻辑运算符

表7-5　逻辑运算符

文本运算符	含义	示例
&&（双与号）	在两个都计算为布尔结果的表达式之间创建"与"条件。如果两个表达式都返回 TRUE，则这两个表达式的组合也返回 TRUE；否则该组合返回FALSE	([Region] = "France") && ([BikeBuyer] = "yes"))
‖（双竖线符号）	在两个逻辑表达式之间创建"或"条件。如果任一表达式返回 TRUE，则结果为 TRUE；仅当两个表达式均为 FALSE 时，结果才为 FALSE	(([Region] = "France") ‖ ([BikeBuyer] = "yes"))

154

如果在一个公式中合用了多个运算符，则按表7-6中的顺序执行运算。如果多个运算符具有相同的优先级值，则按从左到右的顺序执行运算。例如，如果某个表达式中同时包含一个乘法运算符和一个除法运算符，则这两个运算符按照在该表达式中出现的顺序，即从左到右进行计算。

表7-6　运算顺序

运算符	说明
^	求幂
–	正负号（如 –1）
* 和 /	乘法和除法
+ 和 –	加法和减法
&	连接两个文本字符串（串联）
=＜＞＜=＞=＜＞	比较

一般而言，任何运算符左右两侧的两个操作数都应具有相同的数据类型。然而，如果数据类型不同，DAX 会将其转换为通用数据类型以进行比较，过程如下：

① 将两个操作数都转换为最可能的通用数据类型。

② 对这两个操作数进行比较。

例如，假定您要组合两个数字。一个数字为某个公式（如 =[Price] * .20）的计算结果，其中可能包含许多小数位。另一个数字是作为字符串值提供的整数。

在这种情况下，DAX 将使用可以存储两种类型数字的最大数值格式将两个数字都转换为数值格式的实数。然后，DAX 将比较这两个值。

此外，逻辑运算符也可以作为DAX函数使用，其语法与Excel非常相似。例如：

```
AND ( [CountryRegion] = "USA", [Quantity] > 0 )
OR ( [CountryRegion] = "USA", [Quantity] > 0 )
```

这等价于：

```
[CountryRegion] = "USA" && [Quantity] > 0
[CountryRegion] = "USA" || [Quantity] > 0
```

当编写复杂的条件时，使用函数会优于逻辑运算符。实际上，在格式化大部分代码时，函数比运算符更容易格式化和读取。但是，函数的一个主要缺点是一

155

次只能传入两个参数。如果有两个以上的条件需要计算，则需要嵌套函数。

7.1.4　DAX 常见错误

在上一小节我们已经初步了解了DAX语法的一些基础知识，接下来将学习如何处理无效计算。DAX 表达式可能包含无效计算，因为它引用的数据对公式无效。

（1）转换错误

在DAX的计算过程中，只要运算符需要，DAX就会自动在字符串和数字之间转换值。下面这些都是有效的DAX表达式：

```
"20" + 12 = 32
20 & 12 = "2012"
DATE (2024,3,25) = 3/25/2024
DATE (2024,3,25) + 14 = 4/8/2024
```

这些公式总是正确的，因为它们是用常数值运算的。但是，如果 ShopCode 是一个字符串，那么下面的代码是什么呢？

```
Orders[ShopCode] + 3000
```

因为此求和的第一个操作数是一个列，在本列中是一个 Text 数据类型，必须确保DAX可以将该列中的所有值转换为数字。如果DAX无法转换某些内容以满足运算符的需求，则会产生转换错误。

要避免这些转换错误，就需要在DAX表达式中添加错误检测逻辑，以拦截错误并始终返回有意义的结果。

（2）算术运算错误

第二类错误是算术运算错误，例如除以零或负数的平方根。每当尝试调用函数或使用具有无效值的运算符时，DAX都会提示这些错误。

除零需要特殊处理，因为它的行为方式不是非常直观（数学家可能除外）。当我们用一个数字除以0时，DAX通常会返回特殊值 Infinity。此外，当遇到0除以0或无穷大除以无穷大的特殊情况，DAX返回特殊的NaN（非数字）值。

值得注意的是，Infinity 和 NaN 不是错误，而是 DAX 中的特殊值。实际上，如果将数字除以 Infinity，则表达式不会生成错误但返回0，例如：

```
9954 /（7/0）= 0
```

除了这种特殊情况，当使用错误的参数调用函数时，DAX还会返回算术错误，比如负数的平方根。

如果DAX检测到这样的错误，它会阻止表达式的任何进一步计算，并引发错误。可以使用ISERROR函数来检查表达式是否会导致错误。

（3）空值或缺失值

DAX使用BLANK以相同的方式处理缺失值、空值或空单元格。BLANK不是一个真正的值，而是一种识别这些条件的特殊方法。可以通过调用BLANK函数获取DAX表达式中的BLANK，该函数与空字符串不同。

每当要返回空值时，BLANK函数就会变得有用了。例如，可能希望显示一个空单元格而不是0，如下面的表达式计算销售交易的总折扣，如果折扣为0则将单元格留空：

```
= IF（"订单表"[Discount] = 0, BLANK（), "订单表"[Discount] *
"订单表"[Amount]）
```

BLANK本身不是错误，而是空值。因此，包含BLANK的表达式可能会返回值或空白，具体取决于所需的计算。换句话说，当一项或两项都为空时，算术乘积的结果就是BLANK。BLANK在DAX表达式中的传递在其他几个算术和逻辑运算中也会发生，如下所示：

```
BLANK () + BLANK () = BLANK ()
80 * BLANK () = BLANK ()
BLANK () / 6 = BLANK ()
BLANK () / BLANK () = BLANK ()
```

但是，表达式结果中的BLANK传递并不适用于所有公式。有些计算不会传递BLANK，而是根据公式的其他项返回一个值。这些示例包括加法、减法、BLANK除法，以及BLANK和有效值之间的逻辑运算。在以下表达式中，可以看到这些条件的一些示例及其结果：

```
68 + BLANK () = 68
9 / BLANK () = Infinity
0 / BLANK () = NaN
FALSE || BLANK () = FALSE
TRUE && BLANK () = FALSE
```

（4）拦截错误

DAX表达式中存在的错误通常取决于表达式本身引用的表和列中包含的值。因此，可能希望控制这些错误条件的存在并返回错误消息。标准方法是检查表达式是否返回错误，如果是，则将错误替换为消息或默认值。

IFERROR函数与IF函数非常相似，但它不计算布尔条件，而是检查表达式是否返回错误，IFERROR函数的两种一般用法：

用法1：

```
= IFERROR ("订单表"[Quantity] * "订单表"[Price], BLANK () )
```

用法2：

```
= IFERROR (SQRT ("订单表"[Profit] ), BLANK () )
```

在第一个表达式中，如果"订单表"[Quantity]或"订单表"[Price]无法转换为数字的字符串，则返回的表达式为空值，否则返回数量和价格的乘积。在第二个表达式中，当Profit列包含负数时，结果为空单元格。

当以上述这种方式使用IFERROR时，应该遵循使用ISERROR和IF的更一般模式：

模式1：

```
= IF (ISERROR ("订单表"[Quantity] * "订单表"[Price] ),BLANK (),
    "订单表"[Quantity] * "订单表"[Price])
```

模式2：

```
= IF (ISERROR (SQRT ("订单表"[Profit] )),BLANK (),SQRT ("订单
表"[Profit] ))
```

7.2 常用的 DAX 函数

现在我们已经了解了DAX的基本原理以及如何处理错误条件，接下来简要

介绍DAX最常用的函数。与Excel类似，这些函数数据量超过200个，但是常用的函数主要有以下几类：聚合函数、逻辑函数、日期和时间函数等，可能会在后续的数据模型过程中使用这些函数。

7.2.1 聚合函数

几乎每个数据模型都需要对聚合数据进行操作。DAX提供了一组函数，这些函数聚合表中列的值并返回单个值。我们称这组函数为聚合函数。

在Power BI中，聚合函数用于对数据进行汇总和计算，常见的聚合函数包括：

① SUM：计算总和；

② AVERAGE：计算平均值；

③ MIN：计算最小值；

④ MAX：计算最大值；

⑤ STDEV：计算标准差；

⑥ VAR：计算方差；

⑦ COUNT：计算数量；

⑧ DISTINCTCOUNT：计算唯一值的数量。

案例： 计算订单表（Sales）中所有订单的利润额（Profit）总和：

```
TotalProfit = SUM(Sales[Profit])
```

如果在计算列中使用此表达式(SUM)，则它将聚合表的所有行，但在度量值中，它只考虑在数据透视表中使用时，由切片器、行、列和筛选条件筛选的行。

聚合函数（SUM、AVERAGE、MIN、MAX、STDEV和VAR）仅对数值或日期起作用。

7.2.2 逻辑函数

在数据建模过程中，有时希望在表达式中构建逻辑条件。例如，根据列的值实现不同的计算或拦截错误。在这些情况下，就需要使用DAX中的逻辑函数。在Power BI中，常用的逻辑函数包括IF、SWITCH、AND、OR等。以下是这些函数的语法和案例。

（1）IF 函数

语法：

```
IF(<logical_test>, <value_if_true>, <value_if_false>)
```

案例：筛选高评分的商品评论。

可以创建一个新的计算列，筛选出评分高于4的商品评论。

```
HighScoreComments = IF(stocks[ItemScore] > 4, "High Score",
"Low Score")
```

解释：此计算列使用IF函数，根据商品评分将评论分类为高评分和低评分。

（2）SWITCH 函数

语法：

```
SWITCH(<expression>, <value1>, <result1>, <value2>,
<result2>, ..., <else>)
```

案例：根据客户收入分类。

可以创建一个新的计算列，根据客户的收入将其分类为高收入、中等收入和低收入。

```
CustomerCategory = SWITCH(
    TRUE(),
    customers[Income] > 100000, "High Income",
    customers[Income] > 50000, "Middle Income",
    "Low Income"
)
```

解释：使用SWITCH函数，根据客户的收入将其分类为高收入、中等收入和低收入。

（3）AND 函数

语法：

```
AND(<logical1>, <logical2>)
```

案例：判断客户的收入大于10000，以及是否已婚。

```
HighIncomeAndMarried = IF(AND(customers[Income] > 10000,
customers[Marital] = "Yes"), "Yes", "No")
```

160

解释：使用AND函数，根据客户的收入是否大于10000，且已婚，将其分为两类。

（4）OR 函数

语法：

```
OR(<logical1>, <logical2>)
```

案例：判断客户的收入大于10000，或者是否已婚。

```
HighIncomeOrMarried = IF(OR(customers[Income] > 10000,
customers[Marital] = "Yes"), "Yes", "No")
```

解释：使用OR函数，根据客户的收入是否大于10000，或者已婚，将其分为两类。

7.2.3 信息函数

在Power BI中，信息函数用于获取数据集中的各种信息。这些函数可以帮助了解数据的结构、数据类型、数据的统计信息等，从而可以更好地理解和处理数据，提高数据分析的准确性和效率。常用的信息函数包括：

① ISBLANK()：检查值是否为空。

② ISERROR()：检查值是否为错误。

③ ISLOGICAL()：检查某个值是否是逻辑值。

④ ISNONTEXT()：检查某个值是否不是文本。

⑤ ISNUMBER()：检查值是否为数字。

⑥ ISTEXT()：检查值是否为文本。

案例1：检查订单明细表中的空值。

```
//返回值：Is Text
=IF(ISTEXT(""), "Is Text", "Is Non-Text")
//返回值：Is Non-Text
=IF(ISTEXT(1), "Is Text", "Is Non-Text")
```

案例2：检查订单明细表中的空值。

在订单明细表（orders）中，可以使用ISBLANK()函数来检查某个字段是否为空。例如，检查Sales字段是否为空，并创建一个新的列来标记这些记录。

161

```
IsSalesBlank = IF(ISBLANK(orders[Sales]), "Yes", "No")
```

案例3：检查供应商信息的完整性。

在供应商信息表（suppliers）中，可以使用ISBLANK()和ISNUMBER()函数来检查某些关键字段的完整性。例如，检查Phone字段是否为空以及PostalCode字段是否为数字。

```
IsPhoneBlank = IF(ISBLANK(suppliers[Phone]), "Yes", "No")
IsPostalCodeNumber = IF(ISNUMBER(suppliers[PostalCode]), "Yes",
"No")
```

7.2.4　三角函数

Power BI中的DAX提供了丰富的三角函数，可用于某些计算，常用的三角函数有：

① SIN()：计算角度的正弦值。

② COS()：计算角度的余弦值。

③ TAN()：计算角度的正切值。

④ ASIN()：计算给定正弦值的反正弦值。

⑤ ACOS()：计算给定余弦值的反余弦值。

⑥ ATAN()：计算给定正切值的反正切值。

案例1：计算订单明细表中销售额的正弦值。

假设需要计算订单明细表中每个订单销售额的正弦值，并将其添加为一个新列。

```
NewSalesSin = SIN(orders[Sales])
```

案例2：根据客户年龄计算余弦值。

在客户信息表中，可以根据客户的年龄计算余弦值，并将其添加为一个新列。

```
AgeCosine = COS(customers[Age])
```

案例3：计算股票交易表中商品得分的正切值。

在股票交易表中，可以计算每个商品得分的正切值，并将其添加为一个新列。

162

```
ItemScoreTangent = TAN(stocks[ItemScore])
```

7.2.5 文本函数

所有DAX中可用的文本函数都与Excel中可用的类似，这些函数对于处理文本和从包含多个值的字符串中提取数据非常有用。

Power BI提供了多种文本函数，常用的包括：

① CONCATENATE：将两个文本字符串连接成一个。

② LEFT：从文本字符串的左边开始提取指定数量的字符。

③ RIGHT：从文本字符串的右边开始提取指定数量的字符。

④ MID：从文本字符串的中间提取指定数量的字符。

⑤ LEN：返回文本字符串的长度。

⑥ UPPER：将文本字符串转换为大写。

⑦ LOWER：将文本字符串转换为小写。

⑧ TRIM：去除文本字符串两端的空格。

⑨ REPLACE：替换文本字符串中的部分内容。

⑩ SEARCH：查找文本字符串中的子字符串，并返回其起始位置。

案例1：查找字符在邮政编码中的位置。

```
=SEARCH("-",[PostalCode])
```

解释：查找字符"-"（连字符）在[PostalCode]中的位置，返回结果是一个数字列。

案例2：提取公司名称和地理代码并合并。

```
ResellerGeo = CONCATENATE(CONCATENATE(LEFT（[ResellerName],5),
"-"）LEFT([GeographyKey],5))
```

解释：返回公司名称[ResellerName]中的前五个字符以及地理代码[GeographyKey]中的前五个字母，并将其连接起来以形成一个标识符。

案例3：合并客户姓名和地址。

假设有一个客户信息表（customers），希望在Power BI中创建一个新的列，将客户的姓名和地址合并成一个字符串。

```
FullAddress = CONCATENATE(CONCATENATE([ContactName], " "),
[Address])
```

163

解释： 使用CONCATENATE函数将客户的姓名和地址合并，中间用 ""分隔。

7.2.6 日期和时间函数

几乎在所有类型的数据分析中，处理日期和时间都是工作中的一个重要部分。DAX具有大量按日期和时间运行的函数。其中一些函数与Excel中类似的函数相对应，并对日期类型数据进行简单的转换。常用的日期和时间函数包括：

① DATE：创建一个日期值。DATE(year, month, day)

② YEAR：提取年份。YEAR(date)

③ MONTH：提取月份。MONTH(date)

④ DAY：提取日期。DAY(date)

⑤ HOUR：提取小时。HOUR(time)

⑥ MINUTE：提取分钟。MINUTE(time)

⑦ SECOND：提取秒。SECOND(time)

⑧ NOW：返回当前日期和时间。NOW()

⑨ TODAY：返回当前日期。TODAY()

⑩ DATEDIFF：计算两个日期之间的差异。DATEDIFF(start_date, end_date, interval)

案例1： 计算订单的处理时间。

假设有一个订单明细表（orders），需要计算每个订单从下单到发货的处理时间。

```
ProcessingTime = DATEDIFF(orders[OrderDate], orders[ShipDate],
DAY)
```

解释： 使用DATEDIFF函数计算OrderDate和ShipDate之间的天数差异，并将结果存储在ProcessingTime列中。

案例2： 按月汇总销售额。

需要按月汇总订单明细表（orders）中的销售额。

```
MonthlySales =
  SUMMARIZE(
    orders,
```

```
        YEAR(orders[OrderDate]),
        MONTH(orders[OrderDate]),
        "TotalSales", SUM(orders[Sales])
)
```

解释：使用SUMMARIZE函数按年份和月份对订单进行分组，并计算每个月的总销售额。

案例3：计算客户的年龄。

假设有一个客户信息表（customers），需要计算每个客户的年龄。

```
CustomerAge = YEAR(TODAY())YEAR(customers[BirthDate])
```

解释：使用YEAR(TODAY())函数返回当前年份，YEAR(customers[BirthDate])返回客户的出生年份，两者相减得到客户的年龄。

7.3 表工具及应用案例

7.3.1 新建度量值及案例

度量值是通过DAX表达式创建的一个虚拟的数据值，其不改变源数据，不改变数据模型，在Power BI图表中通过度量值可以快速便捷地统计一些用户想要的指标。

在Power BI中，新建度量值是用户利用DAX（数据分析表达式）创建的自定义计算，用于对数据模型中的数据进行聚合、计算和分析。度量值是Power BI中实现数据可视化的重要组成部分，它们可以根据报表的上下文动态地改变其值。

通过新建度量值，Power BI用户可以灵活地定义和计算各种业务指标，从而实现对数据的深入分析和决策支持。这些度量值可以在报表、仪表板和交互式视觉化中广泛使用，帮助用户从数据中获取洞察力。

165

新建度量值有三种方法，具体方法如下。

方法1："模型"视图中的新建度量值，如图7-1所示。

方法2："数据"窗格中鼠标右键"新建度量值"，如图7-2所示。

图 7-1 "模型"视图中新建度量值

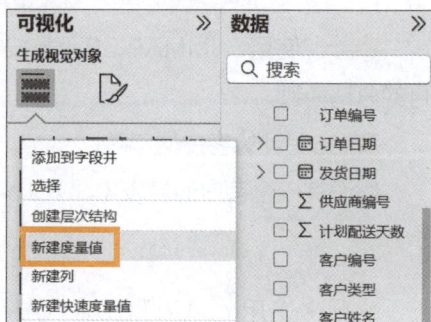

图 7-2 "数据"窗格中新建度量值

方法3：报表视图中新建度量值，如图7-3所示。

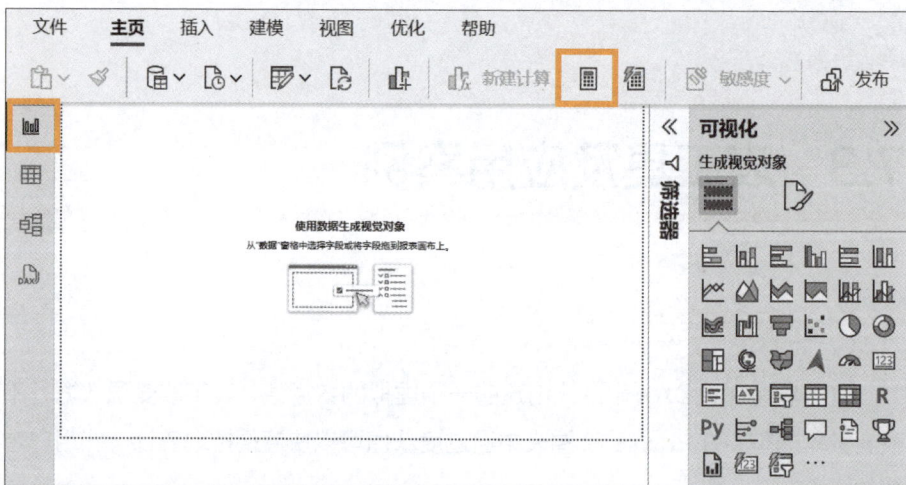

图 7-3 报表视图中新建度量值

案例：利用度量值快速统计销售额

度量值的功能非常强大，例如我们要统计每个省市、城市的总销售额，可以通过度量值来快速实现。

① 统计每个城市的销售额。主要操作步骤如下：

a. 单击"可视化"窗格中的"矩阵"图标。

b. 在"数据"窗格中，将"城市"拖拽到"可视化"窗格的"行"设置项。

c. 将“销售额”拖拽到“值”设置项，单击右侧的下拉框，选择“求和”选项。

d. 单击“可视化”窗格中的“设置视觉对象格式”选项，对视觉对象进行设置。

每个城市的销售额统计，如图7-4所示。

② 统计每个省份的销售额。主要操作步骤如下：

a. 单击“可视化”窗格中的“矩阵”图标。

b. 在“数据”窗格中，将“省市”拖拽到“可视化”窗格的“行”设置项。

c. 将“销售额”拖拽到“值”设置项，单击右侧的下拉框，选择“求和”选项。

d. 单击“可视化”窗格中的“设置视觉对象格式”选项，对视觉对象进行设置。

每个省份的销售额统计，如图7-5所示。

③ 统计每个地区的销售额。主要操作步骤如下：

a. 单击“可视化”窗格中的“矩阵”图标。

b. 在“数据”窗格中，将“地区”拖拽到“可视化”窗格的“行”设置项。

c. 将“销售额”拖拽到“值”设置项，单击右侧的下拉框，选择“求和”选项。

d. 单击“可视化”窗格中的“设置视觉对象格式”选项，对视觉对象进行设置。

每个地区的销售额统计，如图7-6所示。

城市	销售额 的总和
上海	220,504.04
北京	174,337.46
沈阳	143,871.95
成都	128,391.44
天津	127,726.77
青岛	122,084.36
武汉	119,736.53
济宁	103,676.41
长沙	89,620.40
太原	87,812.43
重庆	82,655.17
吉林市	71,230.81
深圳	70,245.51
杭州	69,407.83
总计	5,913,168.03

图7-4 每个城市的销售额

省份	销售额 的总和
安徽	190,927.70
北京	237,056.93
福建	159,950.81
甘肃	79,561.27
广东	308,060.61
广西	174,916.10
贵州	9,335.79
海南	35,508.20
河北	303,931.97
河南	357,494.41
黑龙江	384,531.21
湖北	280,237.92
湖南	256,230.54
吉林	350,016.22
总计	5,913,168.03

图7-5 每个省份的销售额

地区	销售额 的总和
东北	1,006,492.40
华北	1,105,543.73
华东	1,602,654.40
西北	310,627.51
西南	475,402.21
中南	1,412,447.78
总计	5,913,168.03

图7-6 每个地区的销售额

通过以上操作我们可以看到只需要操作对应的行值，相应的销售额就能自动统计出来，非常方便。

7.3.2 快度量值及案例

在Power BI中，快度量值是一种自动生成的度量值，它允许用户快速创建常见的聚合和计算，而无需编写DAX公式。

快度量值是Power BI中为用户提供的一个便捷工具，它通过简化度量值的创建过程，使得用户能够更快地获得数据分析结果。然而，对于更复杂和定制化的计算需求，用户仍然需要学习和使用DAX来创建自定义度量值。

案例：2023年各门店平均利润率统计 ------------------------------------

假设我们现在需要统计2023年每个门店平均利润率，可以通过快度量值来完成，操作如下。

步骤1：单击工具栏上的"快度量值"按钮，弹出"快度量值"页面，在"选择计算"类型下拉框下，选择合适的计算类型，这里需要选择"每个类别的平均值"选项，如图7-7所示。

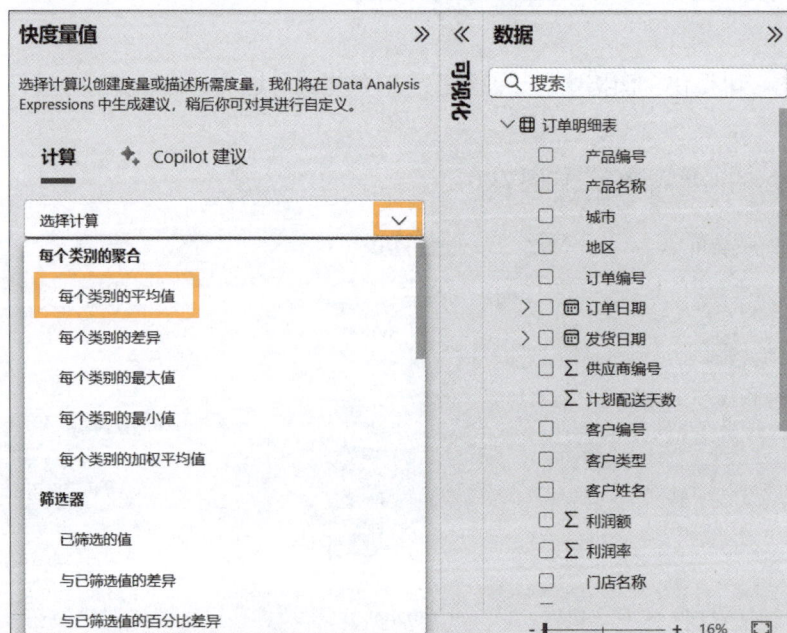

图 7-7 "快度量值"按钮

步骤2：将"利润率"拖拽到"基值"选项，并使用其右侧的向右箭头，将默认的"求和"类型修改为"平均值"类型；将"门店名称"拖拽到"类别"选项，如图7-8所示。

图7-8 设置"基值"和"类别"

步骤3：单击"添加"按钮，在表中就会创建相应的"快度量值"字段，即"每个门店名称的利润率的平均值的平均值"，如图7-9所示。

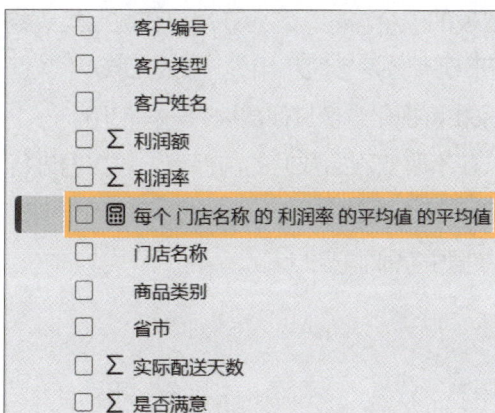

图7-9 创建"快度量值"字段

步骤4：下面通过创建"卡片图"可视化来展示2023年各门店平均利润率统计。在"可视化"窗格中单击"卡片图"视觉对象，并将创建的"快度量值"字段拖拽到"卡片图"中，如图7-10所示。

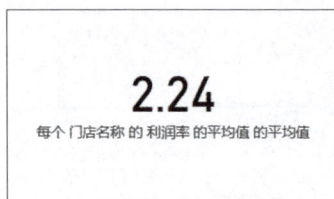

图7-10　创建"卡片图"

步骤5：图7-10显示的是9个门店的平均利润率，也可以添加一个"切片器"，选择不同的门店名称查看每个门店的平均利润率，如图7-11所示。

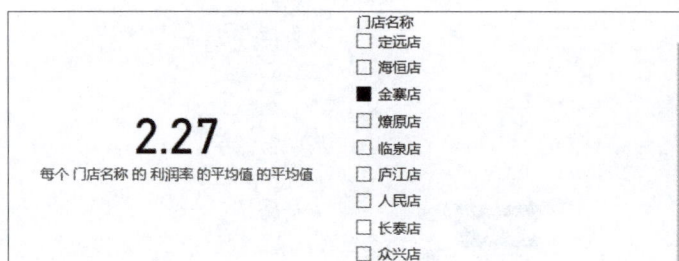

图7-11　添加"切片器"

7.3.3　新建列及案例

在Power BI中，新建列是数据建模的一个功能，它允许用户在数据集或数据表中创建新的计算列。这些列是基于现有数据字段和用户定义的DAX（数据分析表达式）公式生成的，可以在报表和可视化中像其他数据列一样使用。

通过新建列，Power BI用户可以在不改变原始数据的前提下，对数据进行进一步的转换和计算，从而支持更复杂和深入的数据分析。这些列可以用于创建报表、仪表板和可视化，帮助用户从数据中获取洞察力。

案例：2023年单笔订单利润额分类

根据订单明细表中的利润额对订单进行分类：高利润、中利润、低利润、亏损4挡，操作如下。

步骤1：打开表格视图，查看利润额范围为-100 ~ 500之间，并对利润额字段进行排序，如图7-12所示。

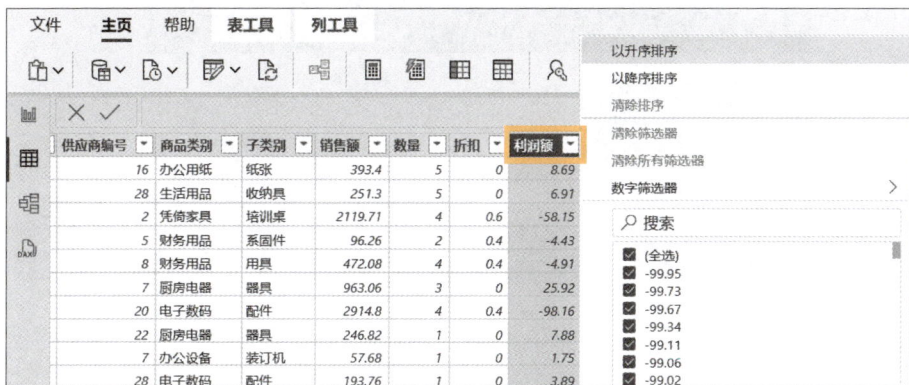

图 7-12　利润额字段排序

步骤2："新建列"操作，设置DAX公式来配置利润分挡：利润分挡 = IF('订单明细表'[利润额]<0,"亏损",IF('订单明细表'[利润额]<50,"低利润",IF('订单明细表'[利润额]<200,"中利润","高利润")))，如图7-13所示。

图 7-13　DAX 公式配置利润分挡

步骤3：为了更清晰地了解情况，可以绘制条形图来观察营收分档的数据，如图7-14所示。

7.3.4　新建表及案例

在Power BI中，新建表是指在数据模型中创建一个新的表结构，用于存储和管理数据。新建表可以基于现有数据表或其他新建表，通过DAX（数据分析

171

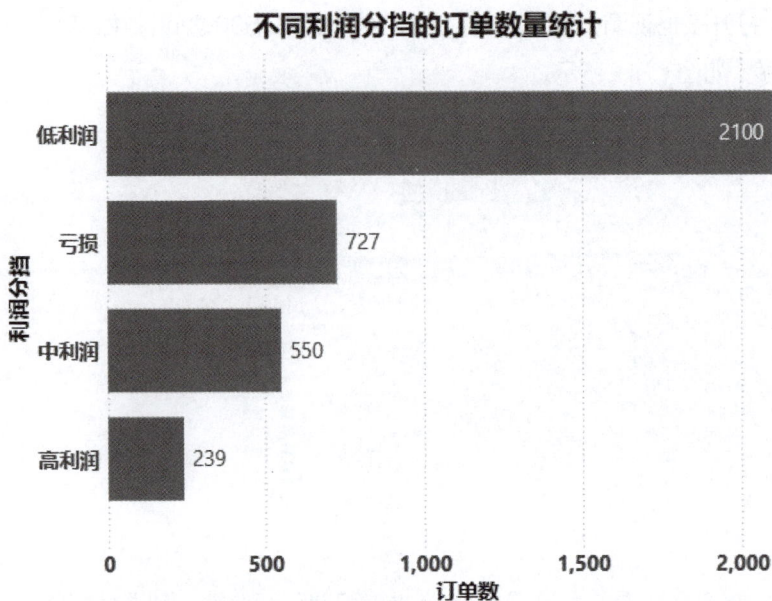

不同利润分挡的订单数量统计

图 7-14　利润分挡条形图

表达式）公式或Power Query编辑器来创建。

通过新建表，Power BI用户可以在不改变原始数据的前提下，对数据进行进一步的转换和计算，从而支持更复杂和深入的数据分析。这些表可以用于创建报表、仪表板和可视化，帮助用户从数据中获取洞察力。

DAX中新建表与新建列一样，也是利用已有的数据表通过DAX表达式生成所需的表格。常见的新建表有创建维度表、创建交叉联合表、创建纵向合并表。

案例1：创建维度表

通常维度表都是由外部数据导入到Power BI中，一些情况下也可以根据已有的事实表进行提取维度数据形成维度表，即将表中的某一列数据进行去重提取数据存入一张表形成维度数据。例如在"订单明细表"中我们可以观察每条数据都对应一个订单，且有一个对应的门店名称，那么可以针对门店名称列进行去重处理，得到门店类型的维度数据形成维度表。

以上针对事实表中某列进行去重提取数据形成维度表可以通过DAX公式实现，有两种方式，分别为VALUES()和DISTINCT()。

VALUES()函数用法如下：

·VALUES(表 [列])：返回的是该列唯一值的新表。

172

· VALUES(表)：复制原表。

DISTINCT()函数用法如下：

· DISTINCT(表[列])：返回含有该列唯一值的新表，与VALUES(表[列])用法一致。

· DISTINCT(表)：返回具有不重复行的新表。

· DISTINCT(表的表达式)：针对表的表达式返回该表具有不重复行的新表。

以上VALUES()和DISTINCT()表达式各有各的用途，DISTINCT()不仅可以获取某列的唯一值形成新表，还可以对表中数据去重得到新表，所以DISTINCT()使用相对较多。

例如，针对"订单明细表"中门店名称进行提取维度数据，具体操作步骤如下。

步骤1：打开表格视图，在"表工具"选项下的"新建表"按钮，如图7-15所示。

图7-15　"新建表"按钮

步骤2：单击"新建表"之后输入DAX表达式，门店名称表 = DISTINCT ('订单明细表'[门店名称])，如图7-16所示。

步骤3：同样也可以使用VALUES()函数来实现，同样选择"新建表"，输入表达式，门店名称表2 = VALUES('订单明细表'[门店名称])，如图7-17所示。

以上使用VALUES和DISTINCT函数表达式来得到的结果都是一样的。

173

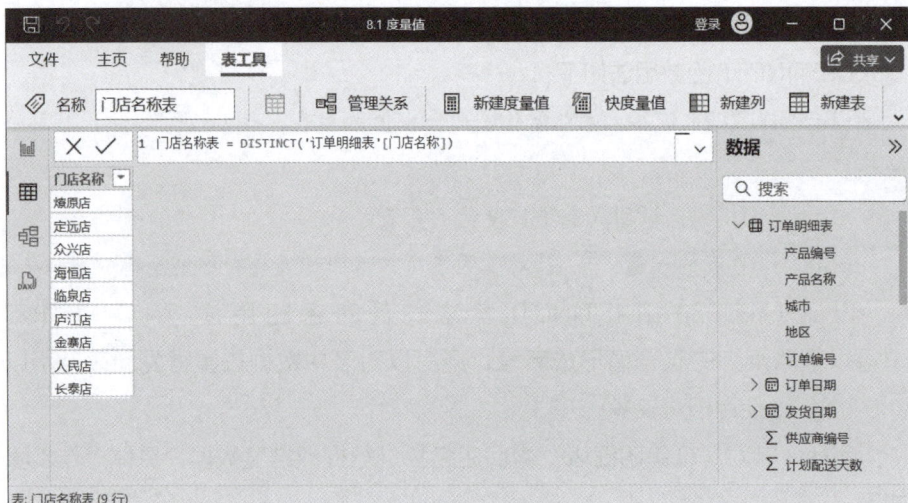

图 7-16　输入 DAX 表达式

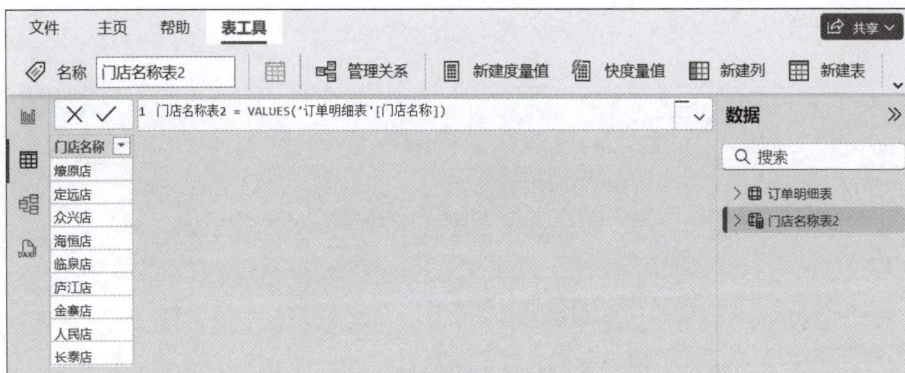

图 7-17　使用 VALUES() 函数

案例 2：创建交叉联合表

交叉联合表就是按照两张表中相同字段进行匹配，横向合并在一起，实现交叉联合表就需要使用NATURALINNERJOIN()函数，该函数使用方式如下：

```
NATURALINNERJOIN(LeftTable, RightTable)
```

以上左表（LeftTable）和右表（RightTable）要求必须有相同的关联列，并且建立了模型关系，通过NATURALINNERJOIN函数会返回两表所有列字段组成的新表，否则会出错。

例如：针对"2023年订单数据"表与"订单用户信息"表构建交叉联合表，之前已经针对两表建立了模型关系，如图7-18所示。

174

图 7-18　构建模型关系

　　所以可以直接进行构建交叉联合表，"新建表"之后可以输入DAX表达式：交叉联合表1 = NATURALINNERJOIN('2023年订单数据', VALUES('订单用户信息'[订单号]))，如图7-19所示。

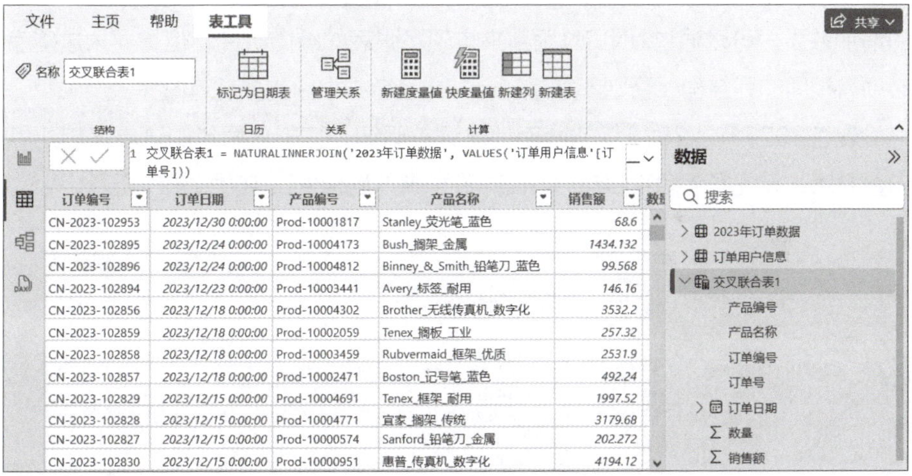

图 7-19　构建交叉联合表 1

　　在使用NATURALINNERJOIN时不允许表中有与左表相同的列，所以这里使用VALUES('区县信息'[区县名称])筛选出对应的列即可。也可以嵌套NATURALINNERJOIN来获取其他表中更多的数据列，例如可以针对这个结果关联"城市信息"将城市信息也展示在交叉联合表中，DAX表达式：交叉联合表2 = NATURALINNERJOIN(NATURALINNERJOIN('2023年订单数据', VALUES('订单用户信息'[订单号])), VALUES('订单用户信息'[省份]))，如图7-20所示。

175

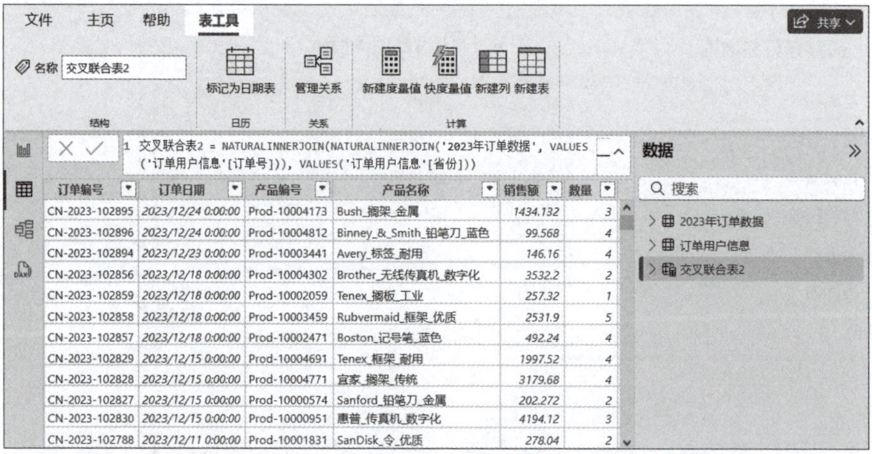

订单编号	订单日期	产品编号	产品名称	销售额	数量
CN-2023-102895	2023/12/24 0:00:00	Prod-10004173	Bush_搁架_金属	1434.132	3
CN-2023-102896	2023/12/24 0:00:00	Prod-10004812	Binney_&_Smith_铅笔刀_蓝色	99.568	4
CN-2023-102894	2023/12/23 0:00:00	Prod-10003441	Avery_标签_耐用	146.16	4
CN-2023-102856	2023/12/18 0:00:00	Prod-10004302	Brother_无线传真机_数字化	3532.2	2
CN-2023-102859	2023/12/18 0:00:00	Prod-10002059	Tenex_搁板_工业	257.32	1
CN-2023-102858	2023/12/18 0:00:00	Prod-10003459	Rubvermaid_框架_优质	2531.9	5
CN-2023-102857	2023/12/18 0:00:00	Prod-10002471	Boston_记号笔_蓝色	492.24	4
CN-2023-102829	2023/12/15 0:00:00	Prod-10004691	Tenex_框架_耐用	1997.52	4
CN-2023-102828	2023/12/15 0:00:00	Prod-10004771	宜家_搁架_传统	3179.68	4
CN-2023-102827	2023/12/15 0:00:00	Prod-10000574	Sanford_铅笔刀_金属	202.272	2
CN-2023-102830	2023/12/15 0:00:00	Prod-10000951	惠普_传真机_数字化	4194.12	3
CN-2023-102788	2023/12/11 0:00:00	Prod-10001831	SanDisk_令_优质	278.04	2

图 7-20　构建交叉联合表 2

案例 3：创建纵向合并表

纵向合并表就是将一张表追加到另外一张表中，类似于Power Query中表的追加效果。可以通过UNION函数来实现多张表的纵向合并，但是要求这些表必须有相同的列结构，否则不能追加合并或者合并之后的数据有缺失。

现有2022年、2023年的西南地区订单明细，基于这两年的订单表创建纵向合并表。首先导入2022年、2023年的订单明细数据，如图7-21所示。

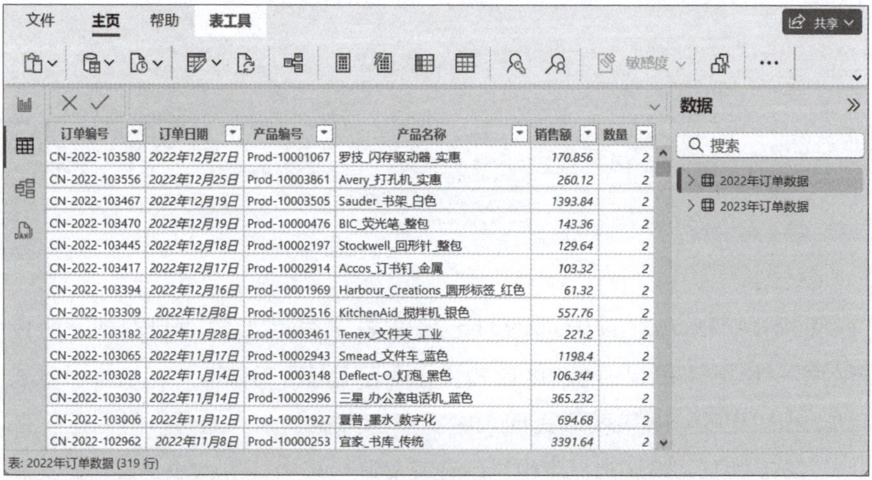

订单编号	订单日期	产品编号	产品名称	销售额	数量
CN-2022-103580	2022年12月27日	Prod-10001067	罗技_闪存驱动器_实惠	170.856	2
CN-2022-103556	2022年12月25日	Prod-10003861	Avery_打孔机_实惠	260.12	2
CN-2022-103467	2022年12月19日	Prod-10003505	Sauder_书架_白色	1393.84	2
CN-2022-103470	2022年12月19日	Prod-10000476	BIC_荧光笔_整包	143.36	2
CN-2022-103445	2022年12月18日	Prod-10002197	Stockwell_回形针_整包	129.64	2
CN-2022-103417	2022年12月17日	Prod-10002914	Accos_订书钉_金属	103.32	2
CN-2022-103394	2022年12月16日	Prod-10001969	Harbour_Creations_圆形标签_红色	61.32	2
CN-2022-103309	2022年12月8日	Prod-10002516	KitchenAid_搅拌机_银色	557.76	2
CN-2022-103182	2022年11月28日	Prod-10003461	Tenex_文件夹_工业	221.2	2
CN-2022-103065	2022年11月17日	Prod-10002943	Smead_文件车_蓝色	1198.4	2
CN-2022-103028	2022年11月14日	Prod-10003148	Deflect-O_灯泡_黑色	106.344	2
CN-2022-103030	2022年11月14日	Prod-10002996	三星_办公室电话机_蓝色	365.232	2
CN-2022-103006	2022年11月12日	Prod-10001927	夏普_墨水_数字化	694.68	2
CN-2022-102962	2022年11月8日	Prod-10000253	宜家_书库_传统	3391.64	2

表: 2022年订单数据 (319 行)

图 7-21　导入两年订单明细数据

然后通过UNION DAX公式创建纵向合并表，公式如下：订单纵向合并表 = UNION('2022年订单数据','2023年订单数据')，如图7-22所示。

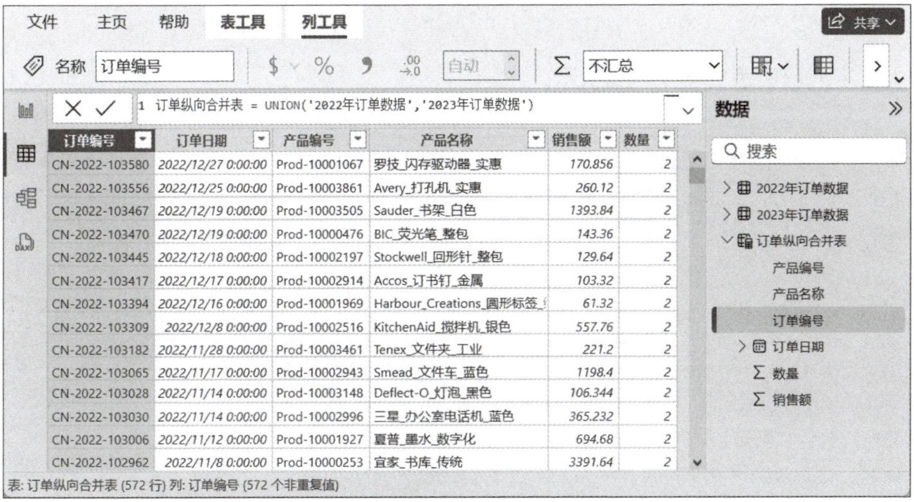

図 7-22 纵向合并数据

7.4 创建日期表

7.4.1 通过 CALENDAR 函数

在 Power BI 中经常使用时间函数来对包含日期列的数据表进行时间转换操作做进一步的分析,这里通过 Power BI 创建一张日期表来演示日期函数的操作使用。

在 Power BI 中创建日期表常见的有两种函数:CALENDAR 和 ADDCOLUMNS。下面分别进行介绍。

创建日期表可以使用 CALENDAR 函数来实现,其用法如下:

```
CALENDAR(StartDate, EndData)
```

CALENDAR 函数可以通过指定一个开始日期和结束日期生成一列顺序的日期数据表。在 Power BI 中"新建表"输入以下 DAX 公式:

```
日期表 = CALENDAR(DATE(2024,01,01),DATE(2024,07,31))
```

生成日期表如图7-23所示。

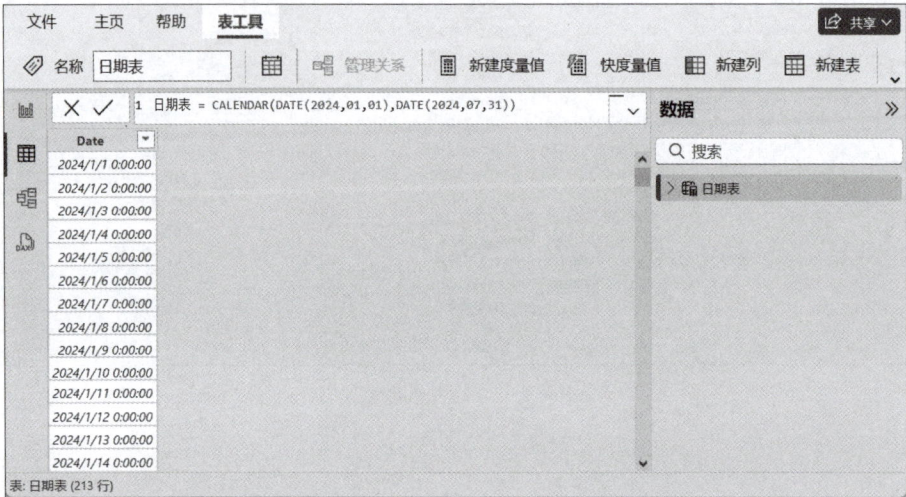

图 7-23　生成日期表

以上日期表生成之后，可以"新建列"根据当前列通过DAX函数来抽取日期列的年、月、日等信息，新建列并指定DAX表达式为：年份 = YEAR([DATE])，月份 = MONTH([DATE])，日期 = DAY([DATE])，如图7-24所示。

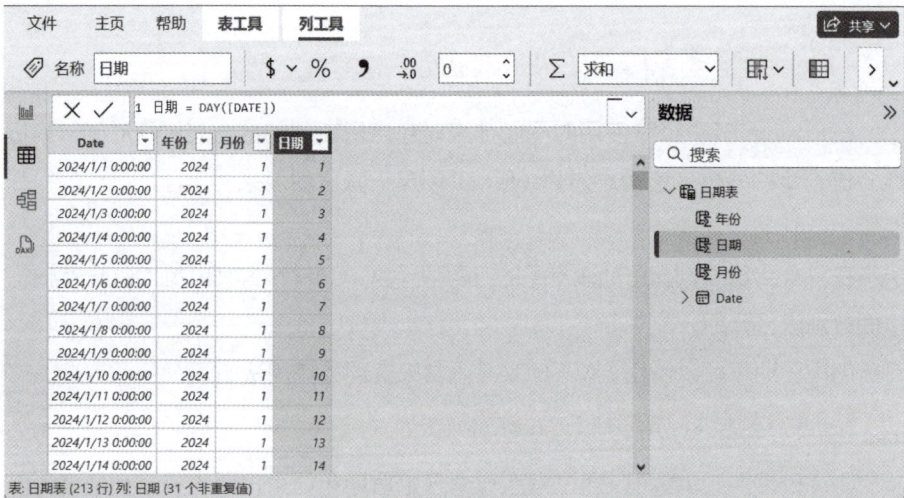

图 7-24　抽取年、月、日数据

可以看到，如果有非常多的列要一次性添加，每次都需要"新建列"操作，如果还要基于源字段来创建更多的列，例如："季度""星期"，为了方便，我们可以直接通过ADDCOLUMNS函数来一次性创建多个列的日期表。

7.4.2 通过 ADDCOLUMNS 函数

ADDCOLUMNS函数作用是用来向指定表添加列并返回具有新列的表，其用法如下：

```
ADDCOLUMNS(表,"名称1","表达式1","名称2","表达式2"...)
```

以上公式中的表是指向哪个表中添加列，后续的名称1是要添加的列名称，紧跟的表达式是获取该列值对应的DAX表达式，如果有多个新增的列，以此类推，往后写多个名称和表达式。

例如：创建一张时间表，包含年份、月份、日期、季度、星期、年份季度、年月、年周、全日期列字段，输入DAX公式如下：

```
日期表2 = ADDCOLUMNS(
  CALENDAR(DATE(2024,01,01),DATE(2024,07,31)),
  "年份",YEAR([Date]),
  "月份",MONTH([Date]),
  "日期",DAY([Date]),
  "星期",FORMAT([Date],"AAA"),
  "年份季度",FORMAT([Date],"第Q季度"),
  "年周",FORMAT([Date],"YYYY")&"年第"&WEEKNUM([Date],2)&"周"
  )
```

程序结果如图7-25所示。

以上通过"&"符号可以连接多个结果，FORMAT是格式化函数，在Power BI中FORMAT格式化的格式还有很多。FORMAT函数用于返回按一定格式显示的内容（专门进行格式调整的函数），语法格式如下：

```
FORMAT(value, format_string [,locale_name])
```

FORMAT函数有3个参数：第一个参数是需要被格式化的数据；第二个参数是预定义的格式代码，返回的内容依据第二个参数format_string的形式来格式化第一个参数value；第三个参数是函数要使用的区域设置的名称，是可选参数。

179

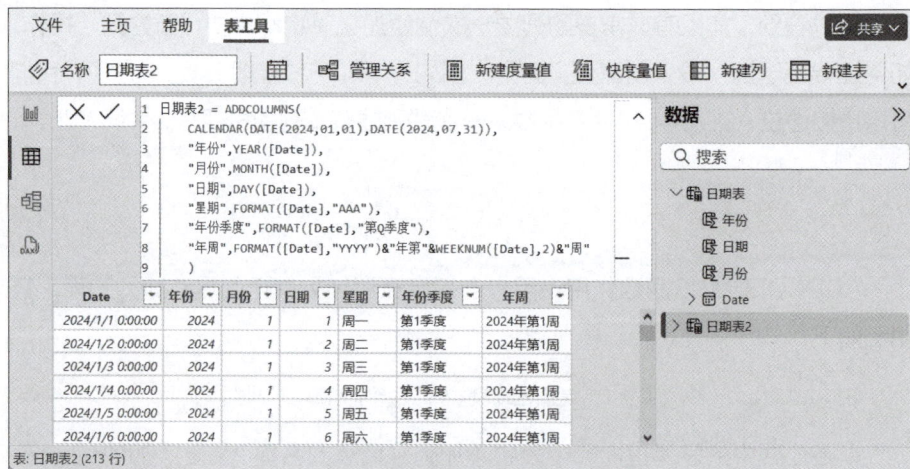

图 7-25 创建时间表

在 format_string 参数中指定预定义的日期 / 时间格式，它们会被解释为自定义日期 / 时间格式，表 7-7 以 2023 年 10 月 9 日为例进行介绍。

表 7-7 常用的时间格式参数

序号	格式参数	结果
1	DD	9
2	DDD	Sun
3	DDDD	Sunday
4	AAA	周一
5	AAAA	星期一
6	M	10
7	MM	10
8	MMM	Oct
9	MMMM	October
10	OOO	10月
11	OOOO	十月
12	Q	4
13	YY	22
14	YYYY	2023
15	YYYYMM	202310
16	YYYYMMDD	20231009

序号	格式参数	结果
17	General Date	2023/10/9
18	Long Date	2023年10月9日
19	Medium Date	2023/10/9
20	Short Date	2023/10/9
21	Long Time	0:00:00
22	Medium Time	12:00上午
23	Short Time	0:00

此外，还可以在format_string参数中指定预定义的数字格式，表7-8以1234.56为例进行介绍。

表7-8　常用的数值格式参数

序号	格式参数	结果
1	0	1235
2	0	1234.6
3	0%	123456%
4	0.00%	123456.00%
5	0.00E+00	1.23E+03
6	#,##	1,235
7	#,##0.00	1,234.56
8	¥#,##0.00	¥1,234.56
9	General Number	1234.56
10	Currency	¥1,234.56
11	Standard	1,234.56
12	Percent	123456.00%
13	Scientific	1.23E+03

7.4.3　构建动态日期表

以上获取日期数据表都是自己生成数据来操作的。针对导入到Power BI中含有日期字段的数据表，我们也可以根据以上DAX表达式来生成对应的日期各列数据，这就是针对用户的数据构建的动态日期表。

下面针对订单明细表来生成对应的动态日期数据。首先新建表，写入DAX表达式：

```
动态日期表 = ADDCOLUMNS(
    CALENDAR(FIRSTDATE('订单明细表'[订单日期]),LASTDATE('订单明细表'[订单日期])),
    "年份",YEAR([Date]),
    "月份",MONTH([Date]),
    "日期",DAY([Date]),
    "季度",QUARTER([Date]),
    "星期",FORMAT([Date],"AAA"),
    "年份季度",FORMAT([Date],"第Q季度"),
    "年月",FORMAT([Date],"YYYY-MM"),
    "年周",FORMAT([Date],"YYYY")&"年第"&WEEKNUM([Date],2)&"周",
    "全日期",FORMAT([Date],"Long Date")
    )
```

上述创建日期数据与之前创建日期数据的不同点在于动态日期表中日期是从用户表中获取的，写法为：CALENDAR(FIRSTDATE('订单明细表'[消费日期]),LASTDATE(订单明细表'[消费日期]))，FIRSTDATE指定开始日期，LASTDATE指定结束日期，如图7-26所示。

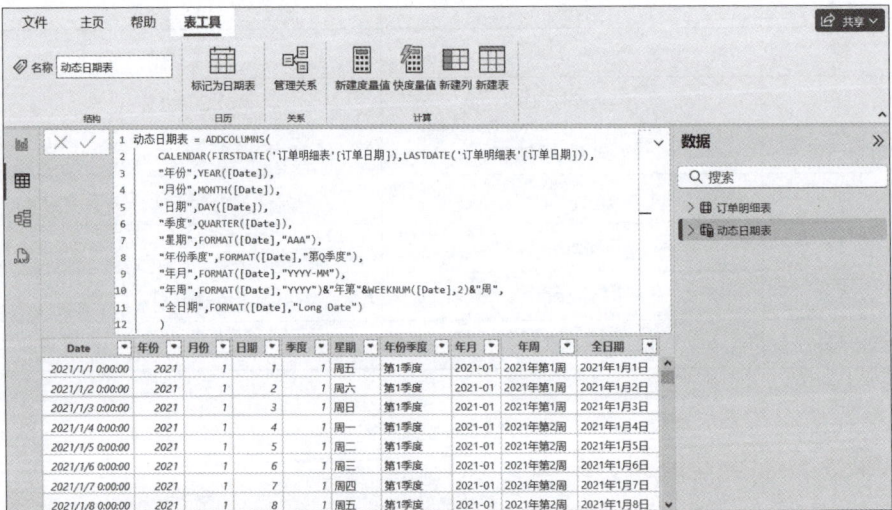

图 7-26 构建动态日期表

182

以上针对用户表生成动态日期表后，为了方便后续使用，可以在模型关系中与对应的用户表创建模型关系，如图7-27所示。

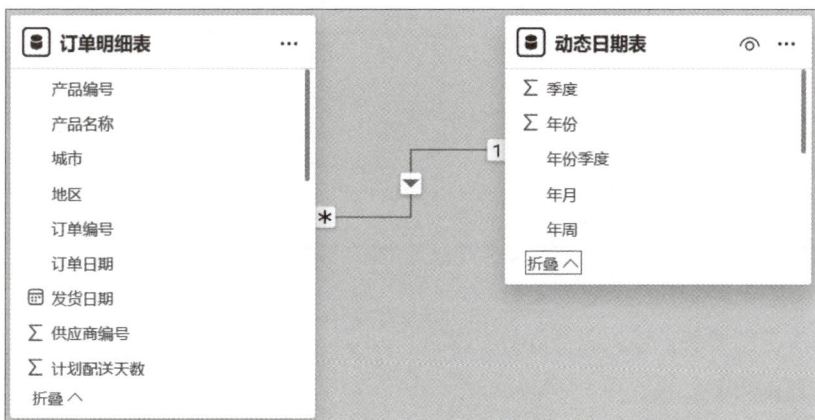

图 7-27　创建模型关系

7.4.4　创建空表

可以通过SELECTCOLUMNS()函数基于某张表来创建一张新表，SELECTCOLUMNS函数与ADDCOLUMNS函数用法类似，但也有不同，ADDCOLUMNS是针对一张表来添加列，SELECTCOLUMNS是基于一张表来创建新的列而不是基于原表添加列，其使用方式如下：

```
SELECTCOLUMNS(表,"名称1","表达式1","名称2","表达式2"...)
```

上述"表"代表从哪个表选择列，"名称1"是创建新列的名称，"表达式1"是获取该列值对应的DAX表达式，如果有多个新增的列以此类推往后写多个名称和表达式。

在使用SELECTCOLUMNS函数时经常会涉及从其他相关联的表中获取数据，需要使用RELATED函数来从更多的表中获取列数据，RELATED函数需要传入一个列名作为参数，作用是查询表中包含的列值，从其他表返回这个列值，要求RELATED查询数据的表必须与SELECTCOLUMNS查询数据的表建立模型关系，否则会报错。

需求：根据导入到Power BI中的"订单明细表"和"客户信息表"数据展示每个门店对应的订单信息。

首先在"模型"视图中构建两表的模型关系，如图7-28所示。

183

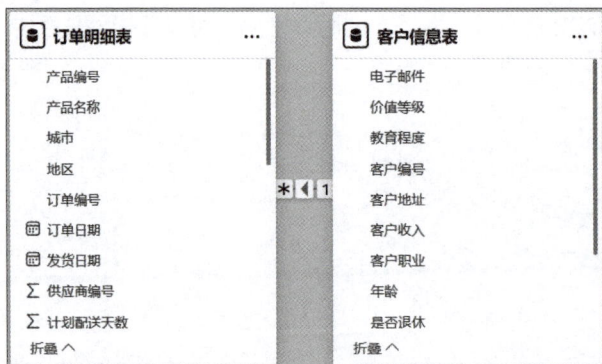

图 7-28　构建模型关系

然后单击创建表，输入以下DAX公式：

```
客户订单信息 = SELECTCOLUMNS(
  '订单明细表',
  "客户姓名",'订单明细表'[客户姓名],
  "订单日期",'订单明细表'[订单日期],
  "消费门店",'订单明细表'[门店名称],
  "商品名称",'订单明细表'[产品名称],
  "订单金额",'订单明细表'[销售额],
  "客户地址",RELATED('客户信息表'[客户地址])
)
```

程序结果如图7-29所示。

图 7-29　客户订单信息

8

Power BI
创建数据报表

▼

Microsoft Power BI 报表是数据集的多角度视图，可以包含单个可视化视图，也可以包含充满可视化视图的多个页面。本章首先介绍报表，然后通过案例介绍如何制作商品销售数据看板，以及发布共享Power BI报表。

8.1 报表概述

8.1.1 报表种类和特点分析

在当今的商业环境中，报表作为组织内外部沟通的关键工具，能够有效地传达重要信息与数据。每个企业都必须依据自身需求来制作和分析各类不同的报表。接下来，将深入探究报表的种类及其特点，以便更好地了解如何挑选适合企业的报表类型。

（1）报表的定义

报表是一种对数据进行整理和展示的方式，它以富有逻辑且结构化的形式呈现信息，为企业管理者做出正确决策提供有力支持。报表中可以包含文字、图表、图像，以及其他可视化元素，使得数据更易于理解和分析。

（2）报表的种类

① 财务报表。财务报表是依照会计原则编制而成，主要用于展示公司的财务状况和经营业绩。常见的财务报表有资产负债表、利润表、现金流量表等。

② 经营报表。经营报表用于监控企业的经营活动和业务表现。它涵盖了销售报表、采购报表、库存报表等，能够对业务活动的情况进行统计和展示。

③ 绩效报表。绩效报表是衡量企业绩效和评估目标达成情况的重要工具。其中包括销售业绩报表、员工绩效报表、项目绩效报表等。

④ 市场报表。市场报表主要用于分析市场环境和竞争态势。常见的市场报表有市场份额报表、竞争对手分析报表、市场调研报表等。

（3）报表的特点

① 可靠性。报表中的数据必须准确可靠，真实地反映实际情况。企业应确保数据的来源和计算方法可靠，以保证报表的准确性。

② 可读性。报表应具有良好的可读性，信息清晰易懂。采用简洁明了的语言和图表，避免过多的专业术语，以便读者能够迅速理解报表内容。

③ 全面性。报表应涵盖各个方面的信息，使读者能够全面了解企业的状况。

报表中应包含必要的指标和数据，充分展示企业的全貌。

④ 及时性。报表应及时准确地反映最新数据和情况，以便管理者能够迅速做出决策。过期的报表可能会导致错误的决策和判断。

⑤ 可比性。报表应具有可比性，便于进行横向和纵向比较。相关数据应以相同的标准和时间范围进行比较，以便分析趋势和变化。

8.1.2　如何有效展示数据

在当今的企业与组织中，数据的有效呈现至关重要。而报表作为一种常见的数据呈现方式，能够助力人们更好地理解和分析数据。然而，如何挑选合适的报表形式，以及如何优化报表的设计与展示，皆是需要重点关注的关键环节。

（1）报表的常见形式

① 表格形式。表格是最为常见且基础的报表形式。它由行和列构成，每个单元格均可填入具体的数据。表格简洁明了，非常适合呈现详细的数据，例如销售额、库存量、人员考勤等。

② 图表形式。图表通过图形的方式将数据呈现出来，能够更加直观地展示数据的走势、比例和关系。常见的图表类型有折线图、柱状图、饼图等。图表使数据更加生动有趣，有助于读者快速抓住重点。

③ 仪表盘形式。仪表盘是一种以图表、指针、数字等组合形式呈现数据的报表形式。它通常用于展示关键指标，如销售额、利润率、用户活跃度等。仪表盘能够一目了然地显示数据的整体情况，帮助用户快速判断和分析。

（2）报表设计的要点

① 简洁明了。报表应保持简洁明了，避免出现冗长的文字和复杂的图形。通过简洁明了的设计，能够更好地引导读者理解数据，减少阅读和分析过程中的困惑。

② 重点突出。在报表设计中，需将重点数据和信息加以突出。例如，可以通过颜色、字号、加粗等方式突出关键数据，使其更易被读者注意和记忆。

③ 合理布局。报表的布局要合理，将相关的数据和信息进行分类和分组，使其具有清晰的层次感。同时，也要考虑报表的可读性，确保读者能够顺利地阅读和理解报表。

187

（3）报表展示的技巧

① 使用标题和副标题。在报表中添加适当的标题和副标题，能够更好地引导读者阅读和分析数据。标题应简明扼要，能够准确传达报表的主题和目的。

② 添加数据标签。在图表中添加数据标签，能够使数据更加明确和易于理解。数据标签可以显示具体的数值或比例，帮助读者更好地理解图表。

③ 使用足够的图例。对于包含多组数据的图表，应使用足够的图例来帮助读者理解每组数据的含义。合理使用图例可以使报表更加清晰易懂。

8.1.3 报表色彩搭配的重要性

在当今的商业领域中，报表已不再仅仅是单纯的数据载体，而是承载着企业决策依据与发展方向的重要工具。然而，在实际应用中，报表的设计常常未能得到应有的重视，这往往导致信息传达效果不尽如人意，甚至令人感到困惑。在这种情况下，报表底色搭配的重要性便愈发凸显出来。通过合理的底色搭配，可以显著提高报表的可读性、可理解性以及吸引力，从而有效地传达信息。

（1）选择合适的报表底色

首先，我们必须考虑报表的具体用途以及受众群体。根据不同的情境和目的，选择适宜的底色至关重要。以下是一些常见的报表底色搭配选择：

① 采用淡色或中性色作为背景色：淡色或中性色通常能够营造出一个清晰的背景，使数据更加突出，常见的选择有白色、灰色和米色等。

② 运用对比色突出重要信息：若想强调某些关键数据，可以选择与背景色形成鲜明对比的颜色，例如，在淡色背景下使用鲜艳的蓝色或红色，能够使关键数据更加引人注目。

③ 避免使用过于饱和或过于明亮的颜色：过于饱和或明亮的颜色可能会分散读者的注意力，使其难以理解报表中的数据，因此，我们应尽量避免选用这些颜色。

（2）如何有效利用报表底色搭配

除了正确选择底色之外，我们还可以通过以下几种方式进一步提升报表的可读性和吸引力：

① 分组及层次结构。通过将相关数据进行分组，并运用不同的底色和边框来创建层次结构，可以使报表更加清晰易读。例如，可以使用粉色底色和黑色边框来表示一个大的分类，然后在其中使用灰色底色和白色边框来表示各个小分类。

② 突出重点信息。对关键数据使用明亮的底色，或者采用不同的颜色来突出显示，可以帮助读者更容易地理解和记住这些信息。比如，在销售报表中，可以使用黄色背景来标示最高销售额的产品，以及绿色背景来标示销售额达标的产品。

8.1.4　报表自动生成与导出

报表的自动生成与导出功能也十分重要，不但能够节省人力资源，提升工作效率，还能使数据呈现得更加美观，便于分享。

8.2　创建商品销售数据看板

8.2.1　规划看板

一般而言，在着手制作报表之前，用户确实需要先进行深入的思考。仔细斟酌报表究竟该以何种方式进行制作，认真考虑图表在报表中的位置布局。明确需要设置哪些类型的图形，以及确定报表所应涵盖的具体内容。为了更加有条不紊地进行报表制作，可以先绘制出详细的规划图。

在规划图中，精心设计各个图表的摆放位置，使其既符合视觉审美，又能清晰地传达信息。确定好要运用的图形种类，比如柱状图用以直观对比数据大小、折线图展示数据的变化趋势、饼图呈现比例关系等。同时，梳理报表的内容框架，明确哪些数据需要重点突出，哪些信息需要简洁呈现。有了这样一份规划图

189

作为指引，再进行报表的制作，就能够做到有的放矢、高效精准，确保制作出的报表既具有专业性，又具备良好的可读性和实用性。

在着手创建商品销售数据看板之前，需要精心设计一份全面且详细的规划图。这份规划图中应涵盖多个重要元素，首先是明确的报表名称，它能够直观地反映出数据看板的核心内容和用途。其次，设置门店切片器，通过这个切片器，可以轻松地筛选不同门店的数据，以便进行针对性的分析。再者，销售总金额这一关键指标必不可少，它能直观地呈现出整体的销售业绩情况。

同时，商品总订单数也应在规划图中有所体现，让用户可以了解商品的销售热度和市场需求。此外，地区商品销售额也是规划图中的重要组成部分，通过对不同地区销售额的分析，可以更好地了解各地市场的差异，为制定针对性的营销策略提供有力依据，如图8-1所示。

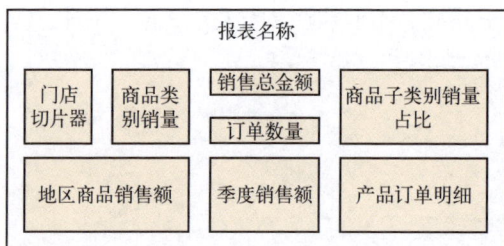

图8-1　报表规划图

8.2.2　案例数据说明

本案例采用的数据为一家电商平台的商品销售数据，由两张Excel表组成。其中一张是订单表（表8-1），该表中详细记录了每一笔订单的相关信息，包括订单编号、订单日期、省市、门店、产品编号、客户编号、数量等内容，这些数据能够清晰地反映出企业商品销售的订单情况以及客户的购买行为模式。

表8-1　订单表

订单编号	订单日期	省市	门店	产品编号	客户编号	数量
CN-2023-103607	2023/12/31	辽宁	海恒	Prod-10004011	Cust-20380	4
CN-2023-103618	2023/12/31	吉林	众兴	Prod-10003071	Cust-19345	1
CN-2023-103614	2023/12/31	吉林	庐江	Prod-10001318	Cust-13615	3
CN-2023-103617	2023/12/31	广东	金寨	Prod-10002164	Cust-19345	1

190

订单编号	订单日期	省市	门店	产品编号	客户编号	数量
CN-2023-103615	2023/12/31	广东	海恒	Prod-10002450	Cust-19345	5
CN-2023-103606	2023/12/31	浙江	众兴	Prod-10003826	Cust-13255	8
CN-2023-103605	2023/12/31	广东	定远	Prod-10004673	Cust-12010	5
CN-2023-103608	2023/12/31	广东	海恒	Prod-10000702	Cust-12970	3
CN-2023-103619	2023/12/31	福建	金寨	Prod-10002399	Cust-19345	5
…	…	…	…	…	…	…

另一张表是产品表（表8-2），该表涵盖了企业所销售的各类产品的详细信息，如产品编号、产品名称、商品类别、子类别、价格等，为了解企业的产品种类、产品特性以及库存管理提供了重要依据。

表8-2　产品表

产品编号	产品名称	商品类别	子类别	价格
Prod-10000001	爱普生_计算器_耐用	技术类	设备	20
Prod-10000014	苹果_办公室电话机_整包	技术类	电话	18
Prod-10000017	Jiffy_局间信封_银色	办公类	信封	12
Prod-10000020	Cardinal_装订机_透明	办公类	装订机	10
Prod-10000022	Ames_搭扣信封_每套_50_个	办公类	信封	14
Prod-10000026	Hoover_冰箱_白色	办公类	器具	14
Prod-10000030	Smead_可去除的标签_红色	办公类	标签	12
Prod-10000032	Fiskars_开信刀_工业	办公类	用品	16
Prod-10000037	Acme_尺子_锯齿状	办公类	用品	18
…	…	…	…	…

8.2.3　导入案例数据

打开Power BI，在软件界面中，进入数据导入环节。此时，需要仔细斟酌并选择要导入的案例数据。在这里，经过认真思考后，决定选择"产品表"以及"订单表"这两个重要的数据表，如图8-2所示。

191

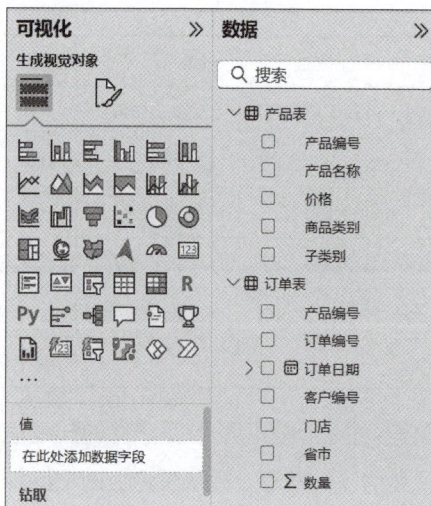

图 8-2　导入数据源

要在报表上展示指标销售总金额，计算公式：销售总金额 = 每个订单的销售金额之和，每个订单的销售金额 = 价格 × 数量。其中，价格在产品表中，数量在订单表中，也就是说计算指标用到的两列数据在不同的表中。下面介绍如何使用 Power BI 来实现两张表中的字段进行分析计算。

加载数据后，单击左边的"模型"按钮，查看图表是否自动连接。一般导入的数据有相同的字段，例如产品编号，Power BI 都会自动进行连接。可以看到两张表中有一条线连接，证明两个表已经自动连接，如图 8-3 所示。

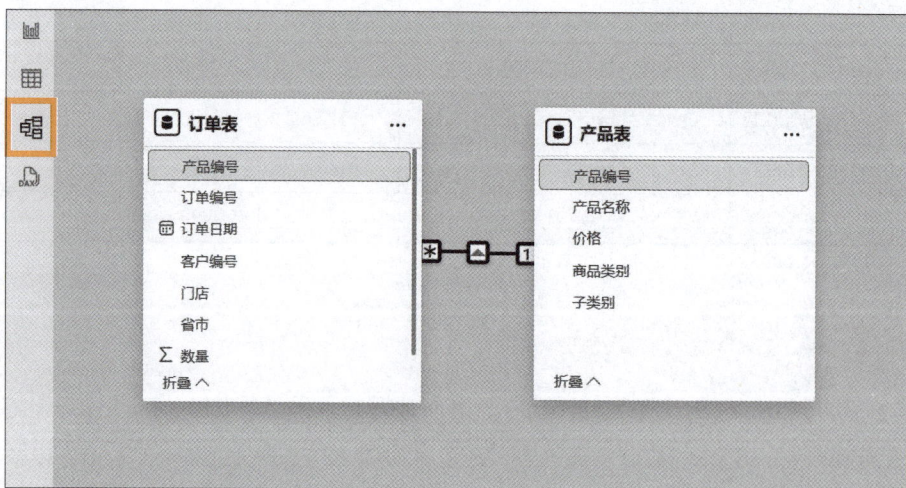

图 8-3　自动连接

单击"数据"按钮，在右边的字段中选择"订单表"，在工具栏中选择"新建列"选项，如图8-4所示。

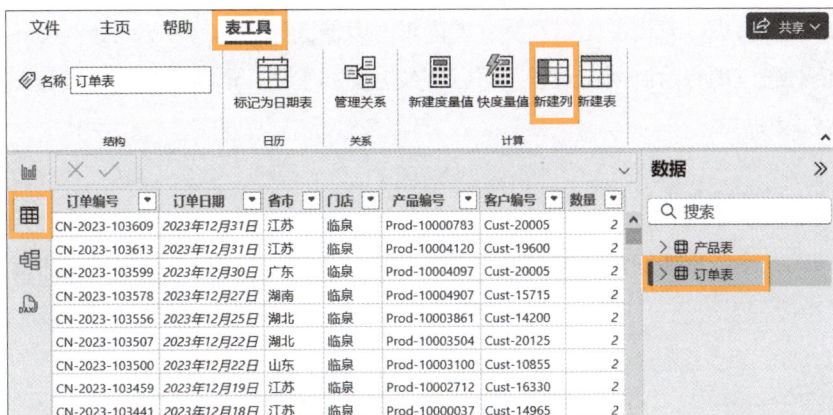

图 8-4　"新建列"选项

然后，在公式栏上输入如下公式：

金额 = '订单表'[数量] * RELATED('产品表'[价格])

RELATED()函数用于在相关表之间建立关系并返回相关表中的值。这里就是将订单表中的数量和产品表中的价格相乘，计算出每个订单的销售金额（价格 × 数量）。

写完公式后按回车键，新的金额列就会生成，如图8-5所示。

图 8-5　输入公式生成金额列

193

8.2.4　绘制视觉对象

接下来，将结合案例数据详细介绍如何绘制视觉对象。在这个过程中，需要充分考虑数据特点、分析目的以及受众的需求，以便选择合适的视觉对象类型和设计风格。通过精心绘制视觉对象，可以使数据更加生动、形象，从而提高数据分析的效率和质量。

（1）报表底色

给报表的底色添加颜色，单击可视化窗格中的"格式"选项，选择"画布背景"，颜色设置为灰色（白色，20%较深），透明度拉到零，如图8-6所示。

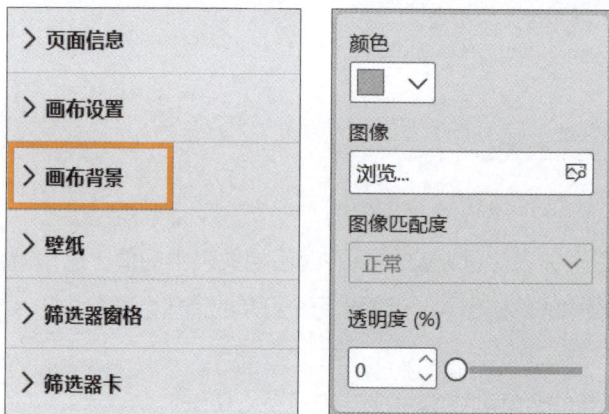

图8-6　"画布背景"

（2）报表名称

接着，需要为这个报表确定一个恰当的名称。首先，在主页栏中找到"文本框"选项并单击它。随后，在弹出的输入框中键入"商品销售数据看板"，如图8-7所示。

完成输入后，还需要根据自身的具体需求对字体进行设置，比如选择不同的字体类型、调整字体大小、改变字体颜色或者设置字体的加粗、倾斜等样式，以确保报表名称能够以最符合期望的形式呈现出来，既清晰易读，又美观大方。

在"可视化"窗格的"常规"设置项当中，能够针对报表名称的格式进行一系列的设置操作。例如，在"属性"选项下面，可以输入文本框的具体宽度和高度数值，通过这种方式精确地控制文本框的大小，使其与整个报表的布局更加协调。

194

图 8-7　"文本框"

此外，还可以手动移动文本框，根据实际需求将其调整到最合适的位置，以便在视觉上达到更好的呈现效果，让报表名称既不显得突兀，又能够清晰地展示给查看报表的用户，如图 8-8 所示。

为了使报表更加美观大方，可以在标题下方添加一些辅助线来进行装饰。具体操作如下：在软件界面的"插入"栏中，单击"形状"选项，接着从弹出的菜单中选择"线条"，如图 8-9 所示。

图 8-8　"常规"设置　　图 8-9　"形状"选项

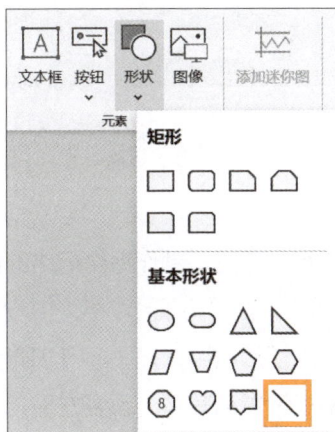

对于添加的线条，其"形状"设置（图 8-10）功能可以对线条的格式进行多方面的设置操作。比如，可以设置"旋转"角度（图 8-11），根据实际需求输入合适的角度数值，例如 130°。通过调整旋转角度，可以使线条呈现出不同的倾斜状态，为报表增添独特的视觉效果。

图 8-10　"形状"设置　　　　图 8-11　"旋转"选项

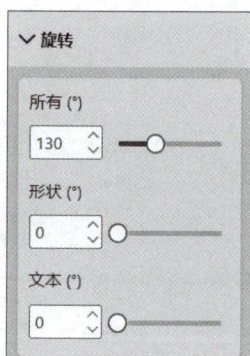

同时，还可以进一步探索线条的其他设置选项，如线条的颜色、粗细等，以更好地与报表的整体风格相融合，提升报表的美观度和专业性。

将报表名称设置成如图 8-12 所示的样式。如果有必要，也可以依据自己的实际需求进行适当的调整。这样可以确保报表名称在满足基本规范的同时，也能更好地适应不同的使用场景和个人偏好。

商品销售数据看板

图 8-12　报表名称

（3）门店切片器

接下来，开始做报表的内容。首先，制作每个门店的切片器，这是为了能够清楚地看到每个门店的数据图表。在"可视化"窗格中选择"切片器"，然后将订单表中的"门店"字段拖放入切片器中，如图 8-13 所示。

切片器的"视觉对象"格式设置涵盖多个重要方面。首先是切片器位置的设置，可根据整个报表的布局需求，将切片器放置在合适的位置，以便在操作时既方便，又不影响报表的整体美观。其次是形状设置，可以调整切片器的外观形状，使其与报表的风格相协调。

布局设置则决定了切片器中各个选项的排列方式，合理的布局能提高用户的操作效率。标注值的设置可以明确显示切片器中每个选项所代表的具体内容，让用户一目了然，如图 8-14 所示。

196

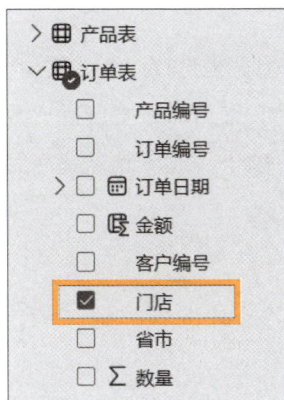

图 8-13　选择字段　　　　　图 8-14　"视觉对象"设置

切片器的"常规"格式设置包含多个关键部分。在属性设置中，可以对切片器的基本特性进行调整，比如宽度、高度、透明度等。标题设置允许为切片器添加清晰的标题说明，使用户能够快速理解切片器的作用和所代表的内容。效果设置则可以为切片器赋予一些特殊的视觉效果，如阴影、发光等，增强其在报表中的吸引力和立体感，如图8-15所示。

通过以上对切片器的各项设置，切片器更加美观、易用，从而提升整个报表的质量和可读性，为用户提供更加便捷、高效的数据分析体验，效果如图8-16所示。

图 8-15　"常规"设置　　　　图 8-16　门店切片器

⭕ （4）商品销售量

下面将使用条形图来对不同类型商品的销售量进行统计，其主要目的是了解

197

客户更偏好哪些商品。具体操作如下所述。

首先，单击"堆积条形图"视觉对象。接着，在产品表上选择"商品类型"这一数据字段，它将作为条形图的横轴分类依据。然后，在订单表上选择"数量"字段，该字段将决定条形图中每个商品类型所对应的条形高度，也就是商品的销售量，如图8-17所示。

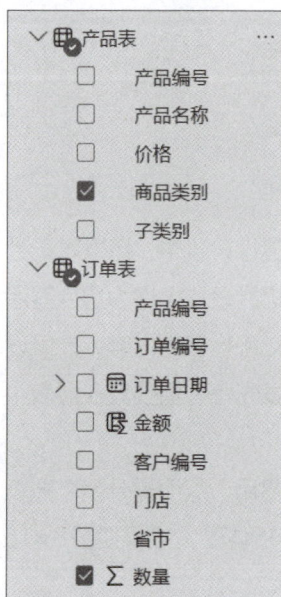

图 8-17　选择字段

图 8-18　条形图的"视觉对象"格式设置

条形图的"视觉对象"格式设置涵盖了多个重要方面。其中，Y 轴的设置可以调整纵轴的刻度范围、标签格式等，以便更好地展示数据的数值大小。X轴的设置则可以对横轴上的商品类型进行排序、旋转标签角度等操作，使数据更加清晰易读。网格线的设置能够为图表添加辅助线条，增强数据的可读性。丝带设置可以为条形图增添一些装饰效果，使其更加美观，如图8-18所示。

条形图的"常规"格式设置同样具有重要作用。在属性设置中，可以调整条形图的整体大小、透明度等基本属性。标题设置可以为条形图添加一个清晰明确的标题，便于读者快速理解图表的内容。效果设置则可以为条形图赋予一些特殊的视觉效果，如阴影、发光等，提升图表的吸引力，如图8-19所示。

通过以上对条形图的各项设置，使得商品销售量条形图（图8-20）更加美观、易用。

198

图 8-19　条形图的"常规"格式设置

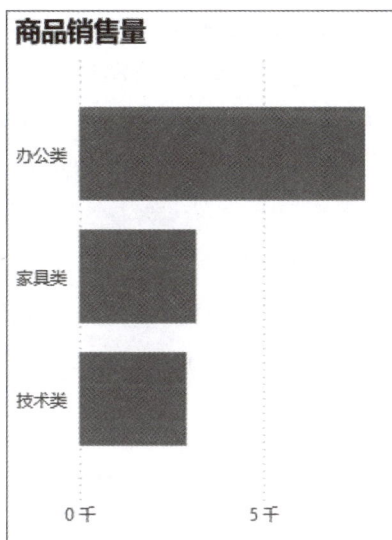

图 8-20　商品销售量条形图

（5）销售总金额

为了能够清晰地查看整体的销售总金额具体是多少，采用卡片的形式来显示相关数据。具体操作如下。

首先插入"卡片图"视觉对象。接着，单击订单表中的"金额"字段，这样就可以将销售总金额以卡片的形式直观地呈现出来，如图8-21所示。通过这种

图 8-21　卡片图

方式，用户可以在报表中快速获取销售总金额这一关键信息，无需进行复杂的计算和查找，极大地提高了数据分析的效率和便捷性。

在"视觉对象"格式设置中，进入"标注值"设置项，将值的字体大小设置为45。这样可以使销售总金额的数值在卡片上以较大的字体显示，更加醒目突出。

在"常规"格式设置里，于"标题"设置项中输入"总销售金额"，并将字体大小设置为14。经过这样的设置后，标题清晰明确，字体大小适中，既不会过于庞大而抢夺了数值的焦点，也不会因为太小而难以辨认，如图8-22所示。

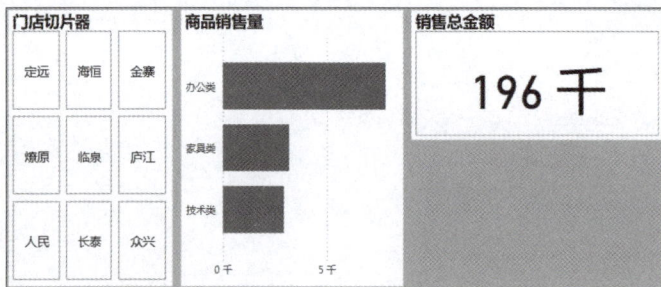

图8-22　销售总金额

设置后的卡片图在整体布局上更加合理，既能够准确地展示销售总金额这一关键数据，又通过恰当的标题设置为用户提供了明确的信息指引，使整个报表更加专业、易读。

（6）商品总订单

与销售总金额的卡片图的创建方式类似，为了确切地查看一共有多少个订单，需要创建订单数量的卡片图。

首先，同样插入"卡片图"视觉对象。接着，根据实际需求进行适当的设置，比如：在"视觉对象"格式设置中，可以调整标注值的字体大小、颜色等，使其更加清晰易读；在"常规"格式设置中，可以设置合适的标题，如"订单总数"，并调整标题的字体大小、颜色等，使其与整个报表的风格相协调。

最终呈现的效果如图8-23所示，通过这样的卡片图，我们可以一目了然地获取订单数量这一重要信息，为数据分析提供有力的支持。

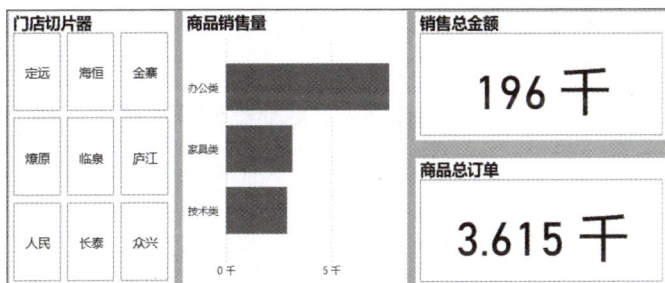

图 8-23　商品总订单

（7）商品类型销量占比

接着，有进一步的需求，即查看不同商品类型的销量占总量的百分比情况，主要目的在于分析热销商品类型与冷门商品类型。为此，选择使用"饼图"来进行直观的呈现，具体操作如下。

选择"饼图"视觉对象，然后在字段选择中，选定"子类别"以及"数量"。"子类别"字段将代表不同的商品类型分类，而"数量"字段则会作为计算各商品类型销量占比的依据，如图8-24所示。

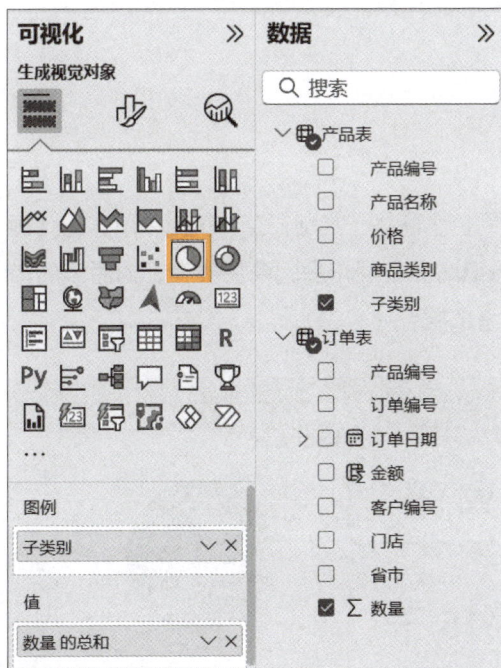

图 8-24　饼图

在"详细信息标签"设置项中，将"标签内容"选择为"总百分比"。这样设置后，饼图中的每个部分都会显示其对应的商品类型销量占总量的百分比数值，使得数据更加直观清晰。同时，将标题命名为"商品类型销量占比"，使读者能够一眼明确看出该饼图所展示的核心内容，如图8-25和图8-26所示。

图8-25 饼图的"视觉对象"设置

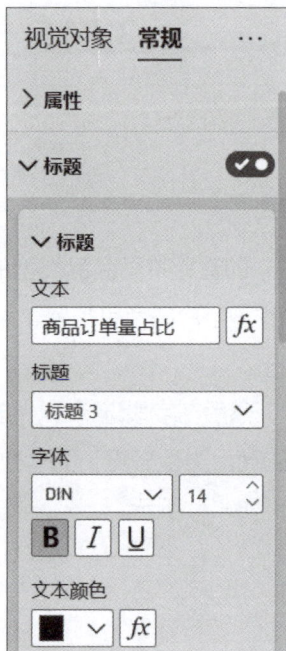

图8-26 饼图的"常规"设置

通过以上的设置，可以清晰地看到各个商品子类别在整体销量中所占的比例大小（图8-27），从而快速识别出热销商品类型和冷门商品类型，为后续的市场策略制定和商品管理提供重要的参考依据。

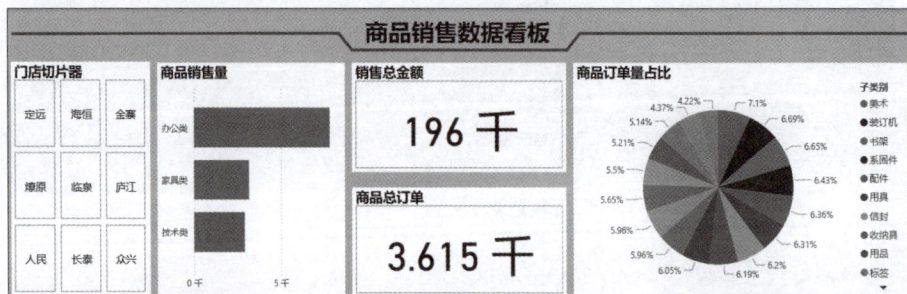

图8-27 商品订单量占比

202

（8）不同地区销售额比较

为了进行比较分析以确定哪个地区的商品销售情况更为出色，这里选用"树状图"视觉对象来直观地展示不同地区的销售额，在字段选择中，选定"省市"和"金额"，如图8-28所示。通过这样的设置，可以清晰地看到各个地区在销售额方面的差异，从而快速判断出哪些地区的商品销售情况较好，哪些地区相对较弱。

图8-28　树状图

关闭"图例"和"数据标签"设置，这样可以使树状图更加简洁明了，避免过多的元素干扰视线。接着，在"类别标签"设置中，对类别标签的字体大小、颜色等进行调整，使其既与整个报表的风格相协调，又易于阅读和识别。然后，在"标题"设置里，将标题命名为"各省市商品销售额"，并把字体大小设置为14。

最后的效果如图8-29所示，经过这些精心的设置，树状图能够更加有效地传达不同地区商品销售额的信息，为我们进行地区销售情况的比较分析提供有力的支持。

（9）每个季度订单销量情况

我们想要查看每个季度订单销量的变化情况，以便分析商品的淡季与旺季分别处于哪个时间段。在这种情况下，可以选择使用柱状图来进行直观的表示。具

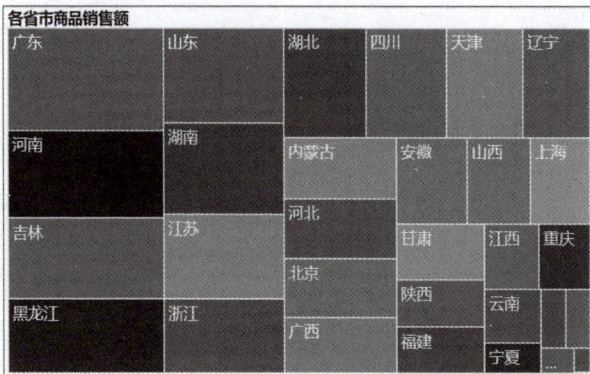

图 8-29 各省市商品销售额

体操作如下所述。

选择"堆积柱状图"视觉对象，然后在字段选择中，选定"订单日期"和"数量"。"订单日期"字段可以按照季度进行分组，以展示不同季度的时间划分。"数量"字段则代表每个季度的订单销量。

通过这样的设置，可以清晰地看到各个季度订单销量的高低变化，从而快速判断出商品的淡季和旺季分别在哪个时间段，如图8-30所示。

图 8-30　堆积柱形图

对堆积柱状图进行进一步设置。在"X 轴"设置中，可以调整 X 轴标签的显示格式等，以便清晰地展示不同季度的划分。在"Y 轴"设置中，可以调整纵轴的刻度范围、标签格式等，使订单销量的数值更加直观易读。

接着，在"标题"设置项中输入"季度商品销售量"，并将字体大小设置为14。这样的标题设置明确了图表的主题，字体大小适中，既突出了重点又不会显得过于突兀。

设置后的效果如图8-31所示，经过这些精心的设置，堆积柱状图更加专业、美观，能够准确地传达每个季度商品销售量的变化信息，为分析商品的淡季与旺季提供了有力的依据。

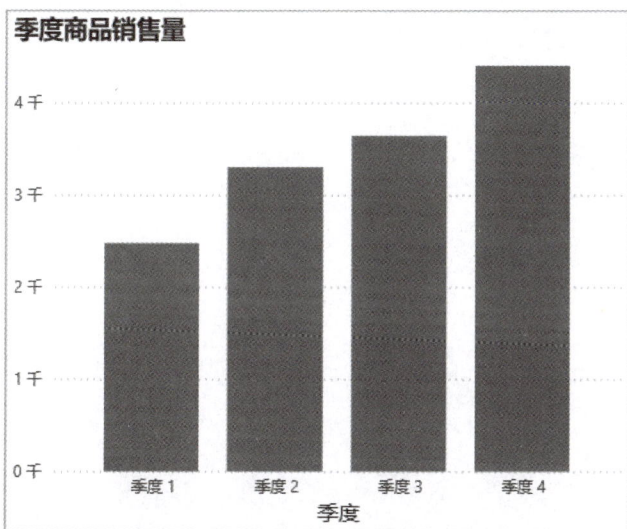

图 8-31　季度商品销售量

（10）商品销量明细

最后，为了满足报表的业务需求，除了图形展示之外，还需要一个表格明细。一个完整的报表中，表格明细能够清晰地呈现每种商品的销量等详细信息。

可以选择"矩阵"视觉对象来实现这一需求。在选择字段时，选定"产品名称""商品类别""数量"，然后可以对布局和样式等进行设置，如图8-32所示。

通过这样的设置，我们可以得到一个清晰的表格明细，能够快速、准确地查看每种商品的具体销售情况，为进一步的数据分析和业务决策提供翔实的数据支持。还需要拉动一下表格的边框大小，整体看起来不要留白，如图8-33所示。

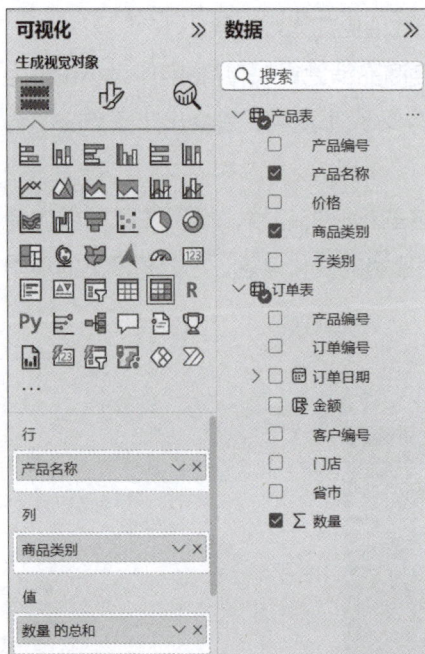

图 8-32　矩阵

产品名称	办公类	技术类	家具类	总计
Tenex_锁柜_蓝色	31			31
Avery_有色标签_红色	30			30
Avery_运输标签_白色	30			30
Hon_可去除的标签_白色	30			30
Jiffy_外皮和封条_红色	30			30
Stanley_记号笔_混合尺寸	30			30
Barricks_会议桌_组装			29	29
Barricks_圆桌_白色			29	29
Boston_铅笔刀_混合尺寸	29			29
Brother_无线传真机_每套两件		29		29
Dania_古典书架_黑色			29	29
Eldon_文件车_工业	29			29
Hamilton_Beach_烤面包机_银色	29			29
Acco_孔加固材料_回收	28			28
Binney_&_Smith_画布_金属	28			28
总计	7766	2892	3153	13811

图 8-33　商品销量明细

8.2.5　案例小结

本案例巧妙地采用了电商平台的商品销售数据，成功创建出了商品销售数据看板。如图8-34所示，这个数据看板直观地呈现了各种关键信息，从不同类型商品的销售量统计，到整体销售总金额的展示，再到各商品类型销量占比、不同地区商品销售额，以及每个季度订单销量变化等，一应俱全。

206

商品销售数据看板

门店切片器 | 商品销售量 | 销售总金额 | 商品订单量占比

门店切片器：定远 海恒 金寨 燎原 临泉 庐江 人民 长丰 众兴

商品销售量：办公类 家具类 技术类 0千 5千

销售总金额
196 千

商品总订单
3.615 千

商品订单量占比
子类别
●美术 ●装订机 ●书架 ●系固件 ●配件 ●用具 ●信封 ●收纳具 ●用品 ●标签
4.22% 4.37% 7.1% 6.69% 5.14% 6.65% 5.21% 6.43% 5.5% 6.36% 5.65% 6.31% 5.96% 6.2% 5.96% 6.19% 6.05%

各省市商品销售额

广东 山东 湖北 四川 天津 辽宁 河南 湖南 内蒙古 安徽 山西 上海 吉林 江苏 河北 北京 甘肃 江西 重庆 黑龙江 浙江 陕西 云南 广西 福建

季度商品销量
4千 2千 0千
季度1 季度2 季度3 季度4
季度

产品名称	办公类	技术类	家具类	总计
Advantus_夹子_金属	10			10
Advantus_夹子_每包_12_个	13			13
Advantus_夹子_整包	11			11
Advantus_框架_黑色			7	7
Advantus_框架_耐用			18	18
Advantus_框架_优质			11	11
Advantus_门挡_黑色			21	21
Advantus_门挡_耐用			10	10
Advantus_门挡_一包多件			7	7
Advantus_门挡_优质			7	7
Advantus_闹钟_黑色			6	6
Advantus_闹钟_耐用			26	26
总计	7766	2892	3153	13811

图 8-34　商品销售数据看板

当整个报表制作完成后，根据自己喜欢的配色进行搭配，能够使报表更加美观和个性化。通过对不同颜色的选择和组合，可以突出重点数据、增强图表的可读性，以及提升报表的整体视觉效果。

这个案例多做几次，能够更加熟练地掌握各种报表制作技巧和工具的应用。在实际工作中，遇到做报表的需求时，就可以做到举一反三，灵活应对不同的数据和业务场景。例如，可以根据具体的数据分析目的和受众需求，选择合适的图表类型、进行有效的数据筛选和整理、设置恰当的格式和布局等。

8.3　发布 Power BI 报表

我们已经了解了如何在报表和仪表板中创建可视化视觉对象，接下来就可以使用 Power BI 轻松地完成发布和共享操作了。

在发布与共享报表之前，首先需要注册一个 Power BI 的账户，注册是免费的，然后登录账户，软件的右上方会显示账户名，如图8-35所示。

207

图 8-35　Power BI 账户

在Power BI中完成报表创作后，只需单击Power BI"主页"选项卡中的"发布"按钮，即可进入发布流程，如图8-36所示。报表和数据等都会被上传到Power BI服务。

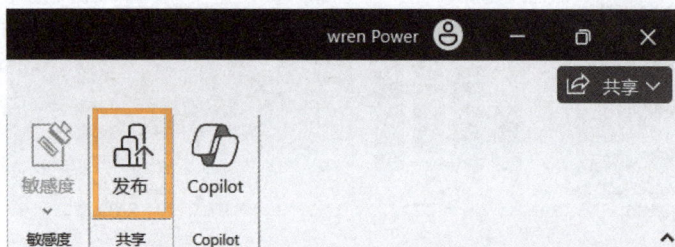

图 8-36　"发布"按钮

单击"发布"按钮后，需要选择一个存储报表的目标工作区，这里选择"我的工作区"，然后单击"选择"按钮，如图8-37所示。

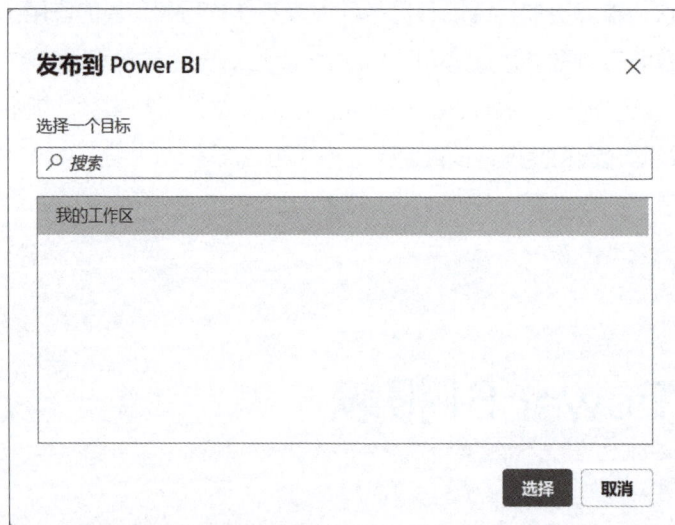

图 8-37　选择存储报表目标工作区

报表发布完成后，会提示发布到Power BI服务的成功信息，并生成一个链接地址，如图8-38所示。

208

图 8-38　发布成功对话框

　　单击链接后，在浏览器中会自动链接到刚刚发布到Power BI服务中的报表，如图8-39所示。至此，我们已经很轻松地将报表从Power BI发布到了Power BI服务上。

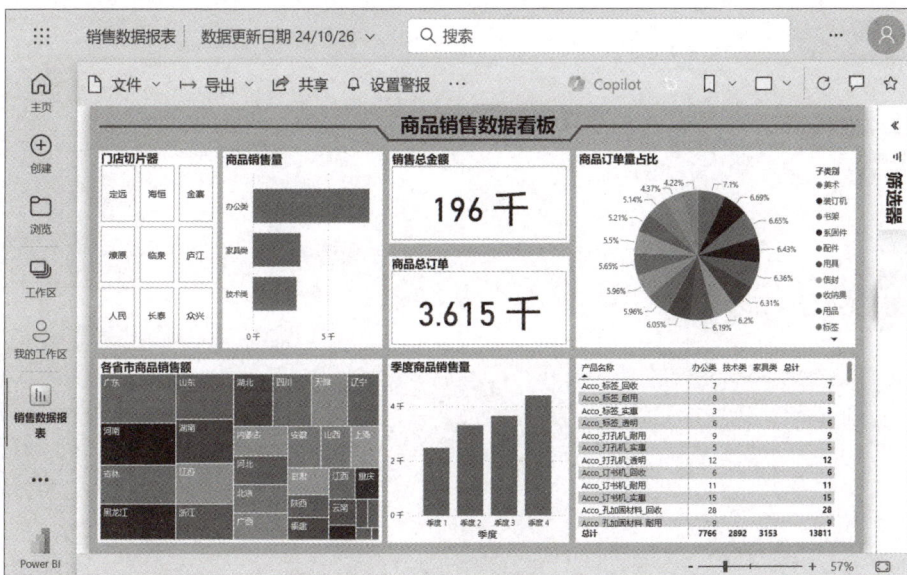

图 8-39　发布到 Power BI 服务中的报表

9

Power BI
视觉对象开发

▼

Power BI附带的大量视觉对象如果不能完全满足用户的需
求时，可以使用Power BI视觉对象的SDK开发量身定做的唯一
的视觉对象类型。本章将介绍如何搭建开发环境，以及如何进行
Power BI视觉对象开发。

9.1 搭建开发环境

9.1.1 安装 Visual Studio Code

（1）Visual Studio Code 简介

Visual Studio Code（简称 VS Code）是 Microsoft 公司提供的一款免费的、开源的、高性能的轻量级代码编辑器，可以在 Windows、macOS 和 Linux 桌面运行。VS Code 内置了对 JavaScript、TypeScript 和 Node.js 的支持，通过安装相应的扩展（extension），VS Code 也支持 C、C++、Java、Python 等编程语言，VS Code 支持语法高亮、智能代码补全、自定义热键、调试、任务运行、版本控制等开发操作，但 VS Code 旨在为开发人员提供一个快速代码编写、调试的代码编辑器，而不是一个完全的集成开发环境（IDE）工具。

VS Code 是一款简化版的开发环境工具，虽然定位为编辑器，但不同于 txt 文本编辑器，VS Code 安装相应的扩展后，比一些编程语言自带的 IDE（比如：Python 自带的 IDLE 开发环境工具）功能更强大。而且，安装相应的扩展，VS Code 能适应不同的编程语言。

（2）下载 Visual Studio Code

下面我们介绍 Visual Studio Code 的安装过程。首先需要 VS Code 程序，下载页面如图 9-1 所示。

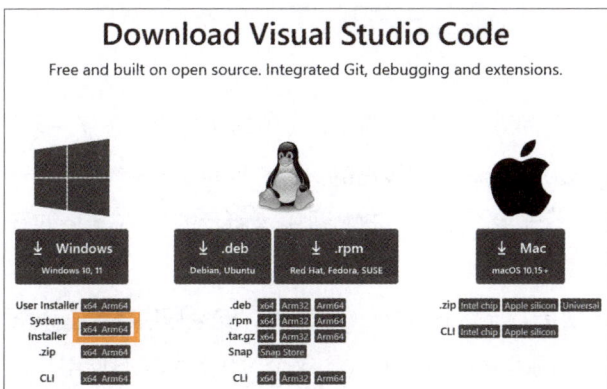

图 9-1　Visual Studio Code 下载页面

211

图9-1中提供了较为全面可选的各类操作系统不同类型的VS Code安装程序，这里面都是通过测试的稳定版。

用户可以根据自己的需求选择相应的VS Code安装程序。

○（3）VS Code 安装程序

这里以Windows操作系统下VS Code的安装程序为例进行介绍。首先，下载Windows操作系统的System Installers和x64选项对应的VS Code，即选择以管理员权限、64位操作系统的VS Code.exe安装程序，单击如图9-1方框所示的位置即可下载相应的VS Code。

① 运行VS Code安装程序。运行上面下载的VS Code安装程序VS CodeSetup-x64-1.94.2.exe，出现图9-2的安装页面。

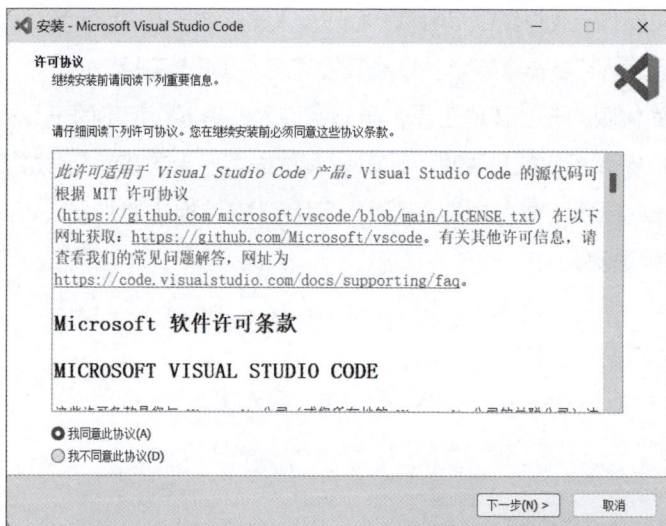

图 9-2　VS Code 安装页面

② 安装位置设置。选择"我同意此协议"选项后，单击图9-2的"下一步"按钮，进入图9-3所示的VS Code安装位置设置的页面。自定义VS Code的安装路径，设置完成后，单击"下一步"按钮，进入图9-4所示的VS Code的开始菜单中快捷方式创建界面。

③ 开始菜单中VS Code快捷方式。安装VS Code时，安装程序将会在以下特定的开始菜单文件夹中为其创建程序的快捷方式。这个过程是为了方便用户在使用操作系统时，能够快速地找到并启动VS Code软件，安装程序现在将在开

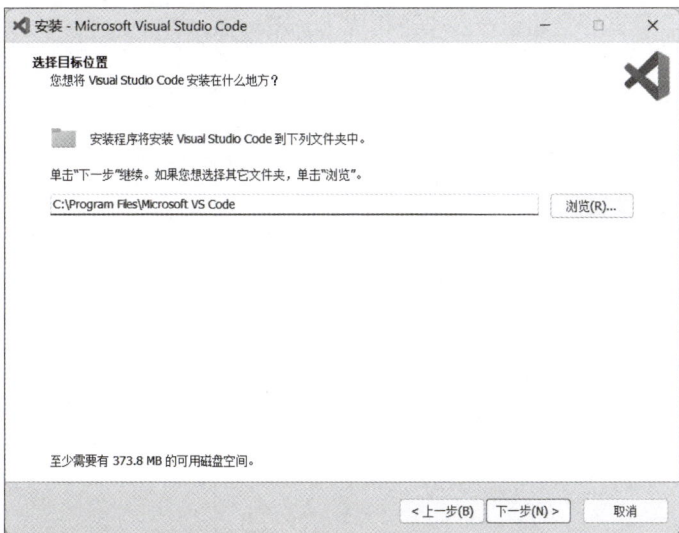

图9-3 VS Code 安装位置设置页面

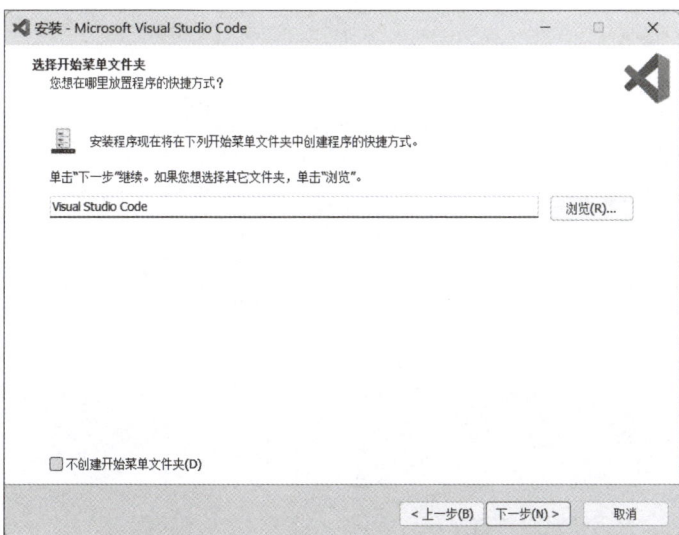

图9-4 创建 VS Code 快捷方式

始菜单文件夹中创建程序的快捷方式。

图9-4中默认 Visual Studio Code文件夹，电脑开始菜单中 Visual Studio Code文件夹会生成VS Code快捷方式。这里可采用默认 Visual Studio Code文件夹，单击"下一步"进入图9-5所示的VS Code安装选项设置的界面。

④ 安装选项设置。在安装 Visual Studio Code 时，需要选择用户期望安装

213

程序执行的附加任务，这些任务将进一步丰富和优化开发环境。

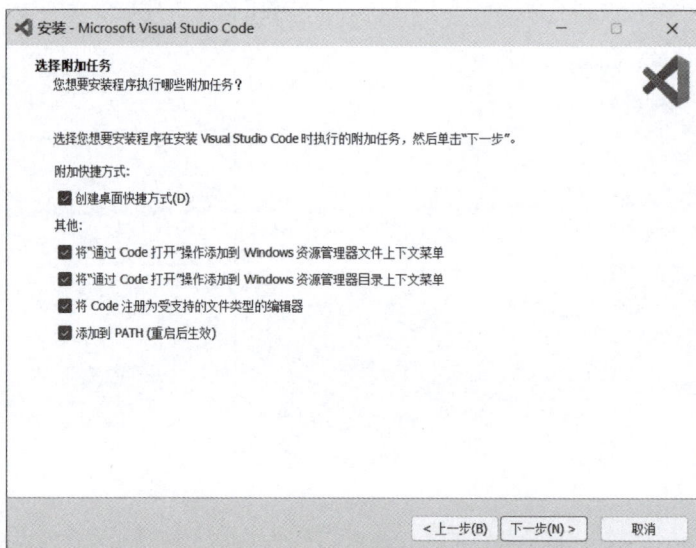

图 9-5　VS Code 安装选项设置界面

⑤ 安装软件。图 9-5 中的选项勾选后，单击"下一步"按钮，进入图 9-6 所示的 VS Code 准备安装的界面。

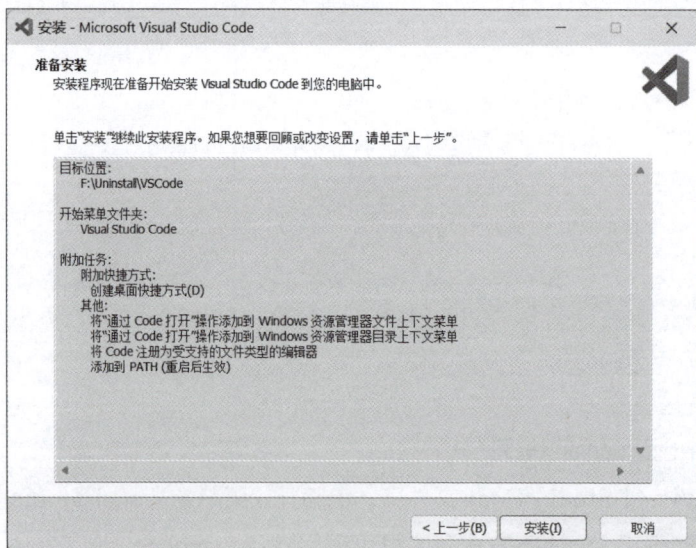

图 9-6　VS Code 准备安装界面

单击图 9-6 的"安装"按钮，进入图 9-7 所示的 VS Code 安装进度界面。

214

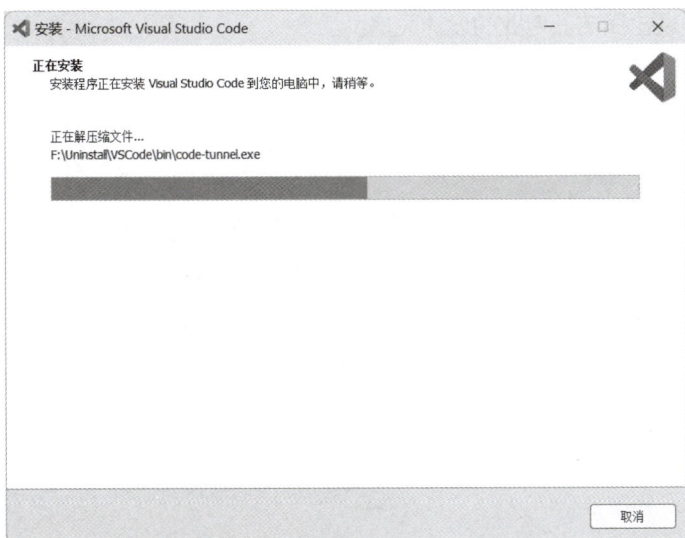

图9-7　VS Code 安装进度界面

　　图9-7 VS Code安装完成后，出现图9-8所示的VS Code安装完成，并勾选是否运行Visual Studio Code的提示界面。

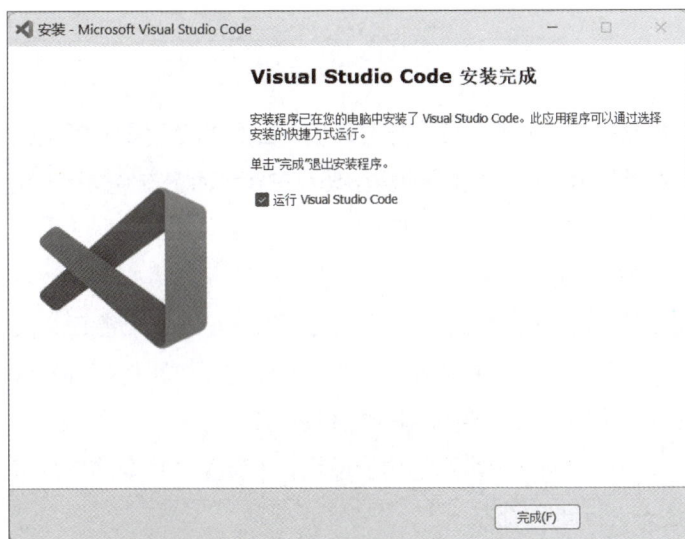

图9-8　VS Code 安装完成

⬤ （4）VS Code 常用配置

　　安装完成后，当启动运行Visual Studio Code时，便会出现如图 9-9 所示的界面，这个界面呈现出简洁而专业的设计风格。

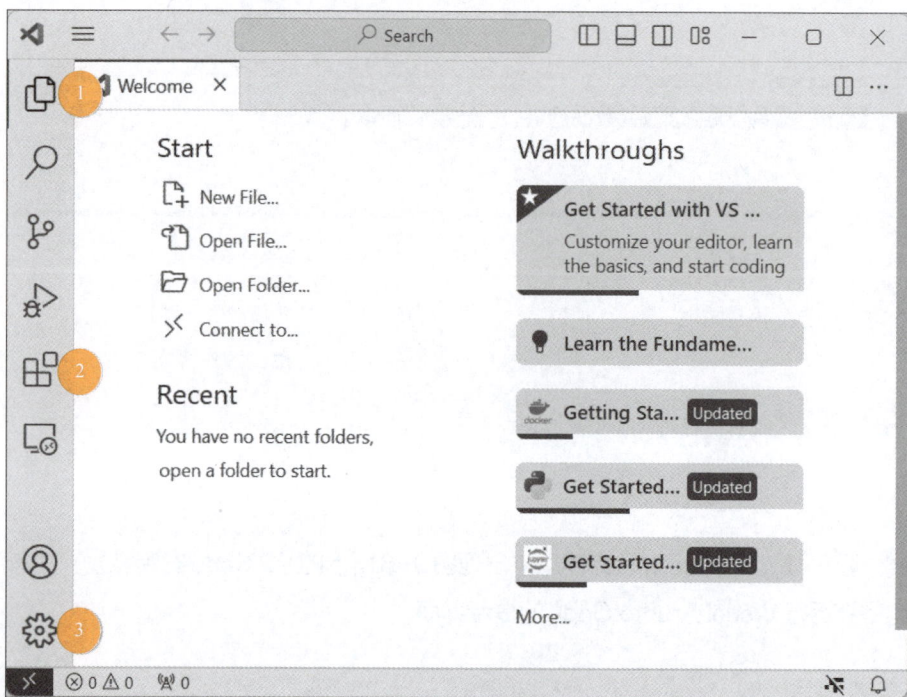

图 9-9　VS Code 界面

VS Code代码编辑器与其他IDE（集成开发环境）工具的使用是非常相似的。开发工具界面中很多选项会在不同位置重复出现，主要是为了方便操作，比如：图9-9中的图标②，单击后可以打开扩展搜索框，也可以在图标③中的Extensions选项打开扩展搜索框。

又比如图9-9左上边的图标①对应为资源管理器（Explorer）窗口，具有对文件的操作功能，在标题栏File中也有对文件的操作选项，比如打开文件（Open File）、新建文件夹（Open Folder）等，如图9-10所示。

下面我们介绍VS Code中的几个常用的功能设置，设置某个功能的途径可能有多种，但这里不逐一进行详细阐述。

① VS Code界面颜色设置。可以通过图9-9中图标③ 里的"Themes"→"Color Theme"来设置VS Code界面的颜色主题。当然，也可以在标题栏"File"→"Preferences"→"Theme"→"Color Theme"中设置。这两处的设置效果基本是一样的，在选项中可以选择适合自己的窗口颜色主体，如图9-11所示。

216

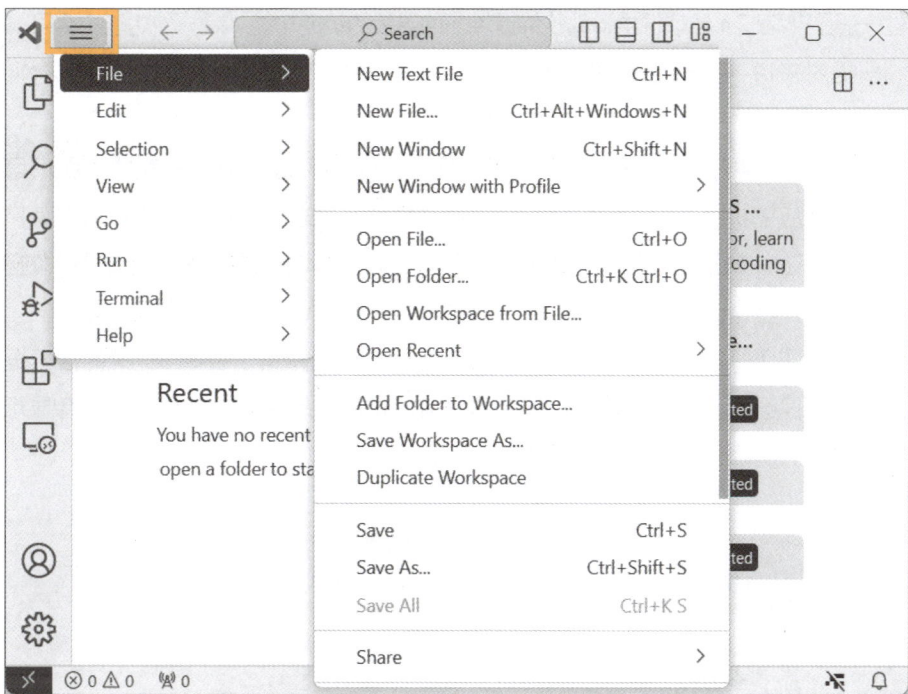

图 9-10 "File"中的操作选项

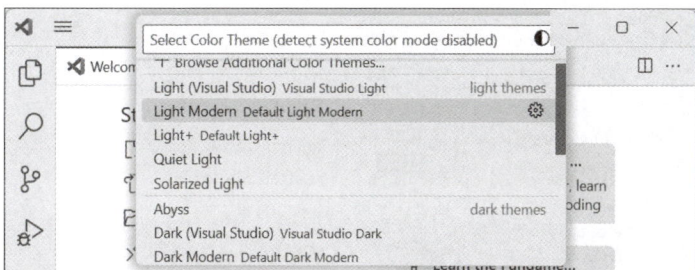

图 9-11 VS Code 主题窗口颜色

② 安装扩展（Extension）。上面列举了几个常用的设置，由于VS Code是一个简化的IDE，许多功能需要安装相应的扩展才能实现其作用。比如：安装完VS Code后，若没有安装有关扩展，即使机器已经装好了某个编程语言，VS Code也是不能自动调用这个编程语言的编译器的，也不提供调用编译器的选项设置，因而，不能运行程序代码，但可以安装扩展或增加一些文件来附加实现调用编译器的作用，从而使得VS Code能够运行程序代码。

扩展（Extension）和插件（Plug-in）通常用来载入软件中，使得软件具有某种额外的功能。插件依赖于系统平台，插件的使用与系统平台密切相关，插件一般是安装植入到软件中，为软件提供一种封装的辅助功能，是一种功能的调用。

相对来讲，扩展与软件关系比较密切，扩展指代的概念更广，扩展包含插件，在一些语境中，两者没有区别，只是称呼不同。

VS Code的扩展提供了附加功能，不同的扩展代表了不同的功能，我们可以安装相应的扩展来实现代码的运行或提高代码开发的效率。VS Code安装扩展后，会在命令面板中自动生成相应的命令选项，可以通过这些命令选项修改初始默认的配置，使得扩展产生的功能符合需求，有的也可以创建配置。

单击图9-12左侧边栏的扩展图标，出现扩展搜索框。在图9-12的搜索框中输入编程语言，搜索框下面会显示出对应的扩展，单击某个扩展，右侧会显示这个扩展的信息，里面有该扩展的功能介绍。

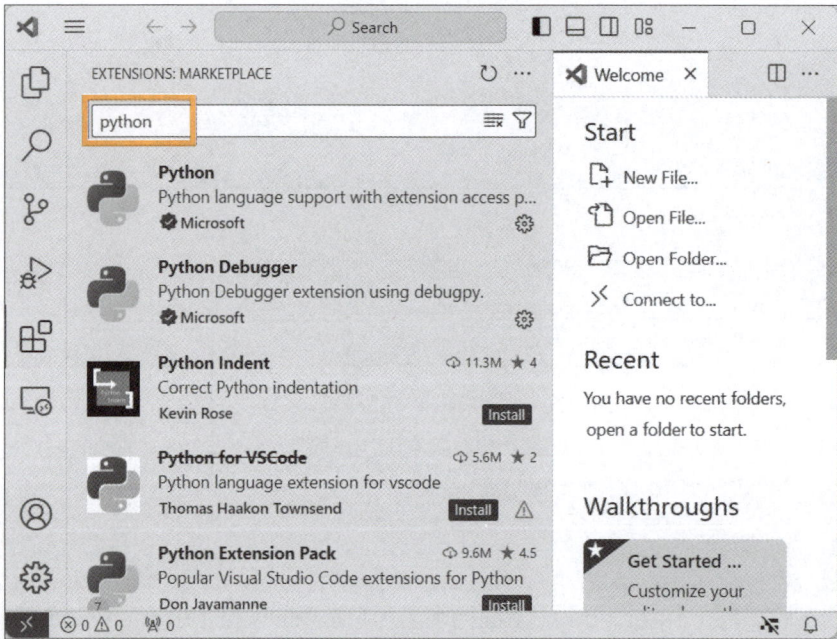

图9-12　扩展搜索框

◯ （5）运行程序

① 运行（Run）的配置。VS Code中Run有关的选项，默认支持Node.js的调试，只要安装了Node.js，VS Code就可以使用与Run有关的选项，如图9-13所示。对于这种编程语言，可以安装相应的具有实现调试功能的扩展来调试有关的运行。

218

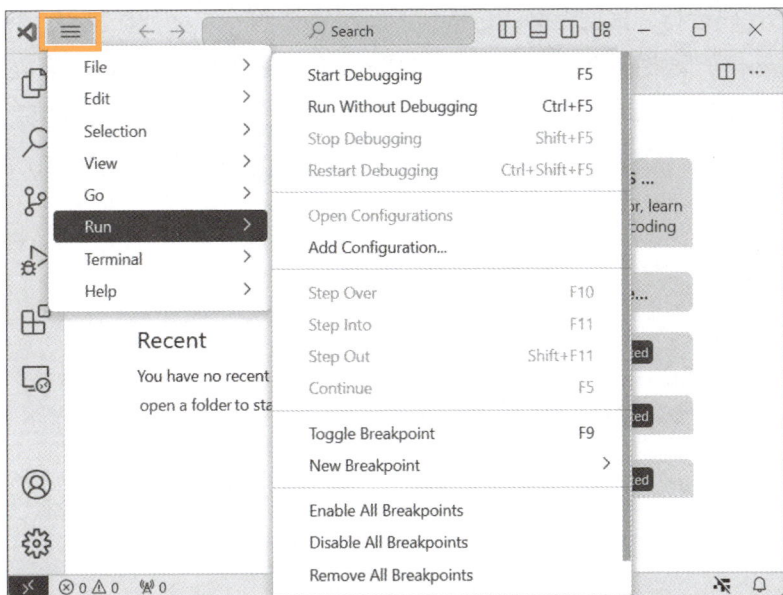

图 9-13　VS Code 默认 Run 选项

　　这里不介绍具有实现调试功能的扩展的安装，而是介绍 Code Runner 扩展，安装这个扩展后能运行某些编程语言，但不具备调试功能。比如 Python，它的编译器种类较少，编译过程相对比较单一，在 Windows 中，只要电脑安装好了 Python 语言，VS Code 安装完 Code Runner 扩展后，VS Code 就可以运行这个编程语言的程序代码，但这种运行，不是 VS Code 默认的运行，而是安装完 Code Runner 扩展后，会自动生成一个 "Run Code" 选项来运行程序代码，如图 9-14 所示。

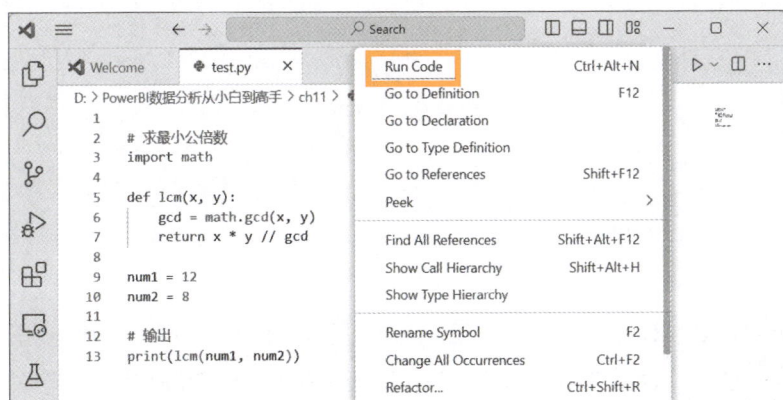

图 9-14　"Run Code" 选项

② 程序代码运行。根据上面的分析，下面创建一个Python代码文件，利用Code Runner扩展来运行程序代码。安装Code Runner扩展后，就可以用VS Code打开一个项目文件夹（用来存放项目文件），创建一个新文件，文件格式为编程语言的格式，就可以在这个文件中编写代码，例如求最小公倍数的代码：

```python
# 求最小公倍数
import math

def lcm(x, y):
    gcd = math.gcd(x, y)
    return x * y // gcd

num1 = 12
num2 = 8

# 输出
print(lcm(num1, num2))
```

可以通过Code Runner扩展运行上述的Python代码，如图9-15所示。

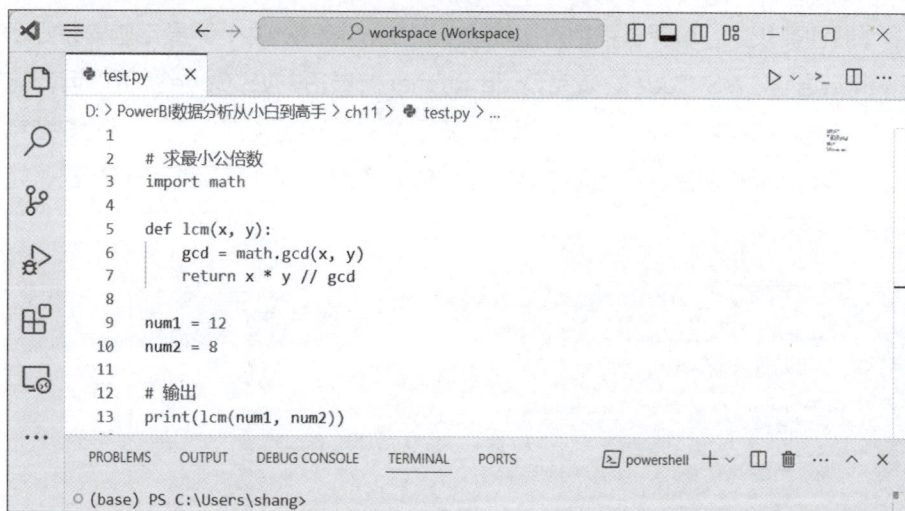

图 9-15　通过 Code Runner 扩展运行代码

在Visual Studio Code 中，PROBLEMS（问题）、OUTPUT（输出）、DEBUG CONSOLE（调试控制台）和TERMINAL（终端）窗口确实都起着至关重要的作用。

220

PROBLEMS窗口能够及时显示代码中存在的错误和警告信息。当编写代码时，它就像是一个敏锐的检测器，一旦发现问题便迅速反馈，可以快速定位并解决代码中的瑕疵，从而确保程序的正确性和稳定性。

OUTPUT窗口负责输出各种程序运行的结果和日志信息。无论是编译过程中的信息，还是运行特定任务后的反馈，都可以在这里清晰地看到。它提供了程序执行的"踪迹"，帮助用户了解程序的运行状态和过程。

DEBUG CONSOLE窗口在调试过程中发挥着关键作用。当进行代码调试时，可以在这里查看变量的值、执行特定的调试命令，深入了解程序的内部运行情况。它提供了一个与正在调试的程序进行交互的平台，让用户能够更加精准地找出问题所在。

TERMINAL窗口允许用户直接在Visual Studio Code中与操作系统的命令行进行交互。可以在这里执行各种命令，如编译代码、运行脚本、管理版本控制等。它为开发工作提供了极大的便利，使用户无需切换到外部终端窗口即可完成一系列操作。

9.1.2　安装与配置 Node.js

Node.js是一个开源和跨平台的JavaScript运行时环境，它几乎适用于任何类型项目的开发。Node.js的性能优越，因为它在单个程序中运行，无需为每个请求创建新的线程，同时提供了一组异步的I/O原语，以防止JavaScript代码阻塞。

下面介绍如何下载和安装Node.js。首先，在浏览器中导航到Node.js，下载最新功能的MSI安装程序，单击"下载Node.js（LTS）"按钮，如图9-16所示。注意：LTS（long time support，长期支持）版本是经过测试，相对完善、稳定的Node.js版本，建议使用该版本。

运行上面下载的node-v20.16.0-x64.msi安装程序，出现如图9-17所示的欢迎界面，选择"Next"，进入如图9-18的许可条款界面。

勾选"I accept the terms in the License Agreement"，单击图9-18的"Next"，进入图9-19所示的Node.js安装位置设置界面，可以自定义Node.js的安装路径，设置完成后，单击"Next"。

进入图9-20所示的Node安装选项设置界面，Node默认安装以下五项基本功能：

221

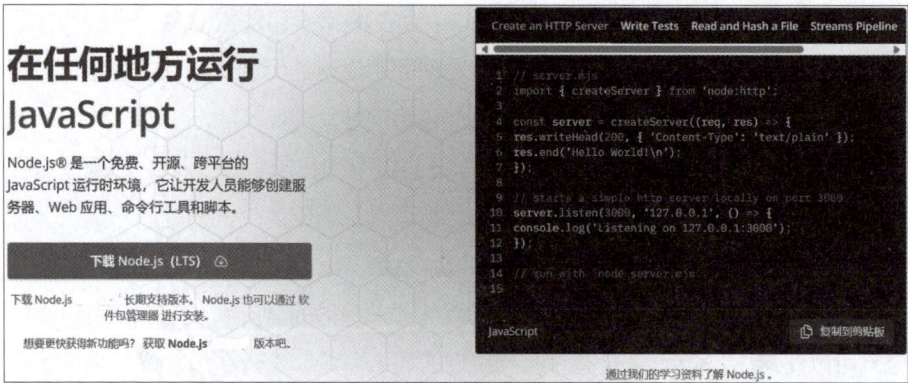

图 9-16　下载 Node.js

图 9-17　欢迎界面

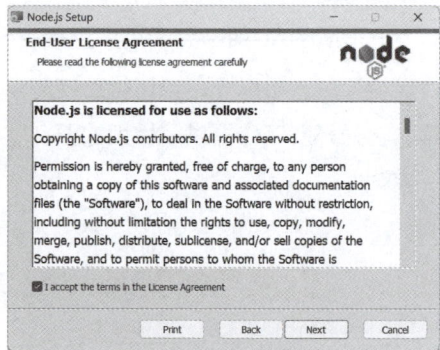

图 9-18　许可条款界面

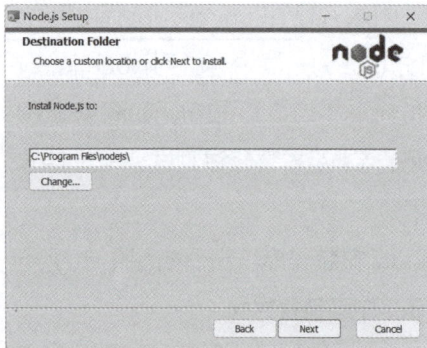

图 9-19　安装位置设置界面

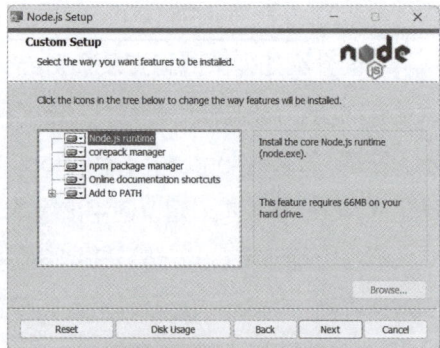

图 9-20　安装选项设置界面

Node.js runtime、corepack manager、npm package manager、Online documentation shortcuts、Add to PATH。

在安装时，上面各项功能的安装默认为"Entire feature will be installed

on local hard drive"（安装整个功能到本地硬盘），因而，可以采用默认的设置，图9-20中不进行安装设置，单击图9-20中"Next"进入图9-21可选工具的安装。此外，Reset是重置，恢复到默认，Disk Usage是硬盘使用情况。

在Node使用中，我们用npm下载安装某种包或模块，在安装时这种包或模块需要被C/C++编译，这时候需要用到Python或VS（Visual Studio），因而，计算机上需要安装这两种工具，若没有安装这两种工具，在安装这种包或模块时会提示异常。

在图9-21中勾选"Automatically install the necessary tools"选项，会自动下载安装Python和VS，也会安装Windows的Chocolatey包管理器。

勾选后，实际是先自动安装Chocolatey，然后再利用Chocolatey包管理器下载安装Python和VS。Chocolatey是一款专为Windows系统开发的、基于NuGet的包管理器工具，类似于Node.js的npm，Python的pip。在Windows中使用Chocolatey能自动下载安装适合Windows的应用程序。

用户也可以根据图9-21中的链接页面说明，自行根据自己的需要安装Python、VS、Chocolatey，比如VS是收费的，可以选择手动安装社区版的VS。若Python已经安装，可以不安装最新版本的Python。

考虑到安装速度，也可以不勾选上述选项，暂时不安装这些工具，安装完Node后自己手动安装，或以后根据需要来安装。

若勾选上述选项后，在Node.js安装完成后，会弹出一个脚本（script）运行窗口提示自动安装Python、VS、Chocolatey。

单击图9-21中"Next"，进入图9-22所示的开始安装Node.js界面。

单击图9-22的"Install"按钮，进入图9-23所示的Node.js安装进度界

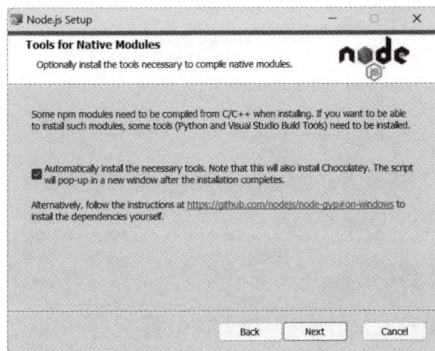

图 9-21　原生模块

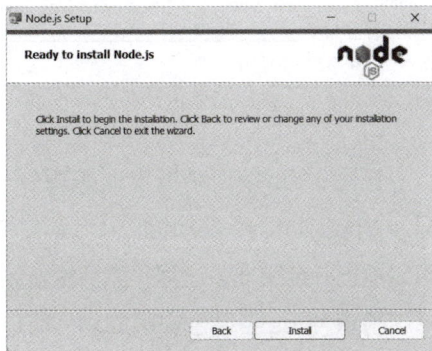

图 9-22　开始安装

面，安装进度完成后，出现图9-24所示的Node.js安装完成的提示界面。

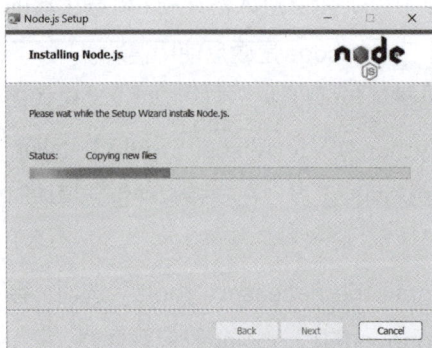

图9-23　安装进度

图9-24　安装完成

至此，Node.js安装程序的安装实际已经完成。

若图9-21中勾选了"Automatically install the necessary tools"选项，单击图9-24中的"Finsh"，则出现图9-25、图9-26的脚本安装可选工具的提示窗口，包括Python、VC Redist、dotNetFx等。

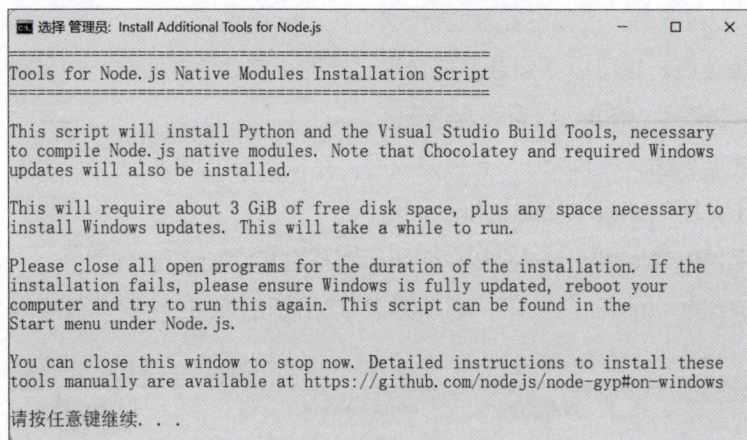

图9-25　安装Node.js其他工具

在图9-25按任意键出现如图9-26的Windows PowerShell命令行窗口，显示Chocolatey、Python、VS等安装情况。最后，输入ENTER后按回车键，可以退出并结束安装过程，然后重新启动计算机。

检查Node.js是否安装成功，可以直接在CMD窗口中任意位置执行node，打开CMD窗口，执行命令node -v查看node版本，在安装时同时也安装了

224

npm，执行npm -v查看npm版本，如图9-27所示，输出node和npm的版本信息，表示安装成功。

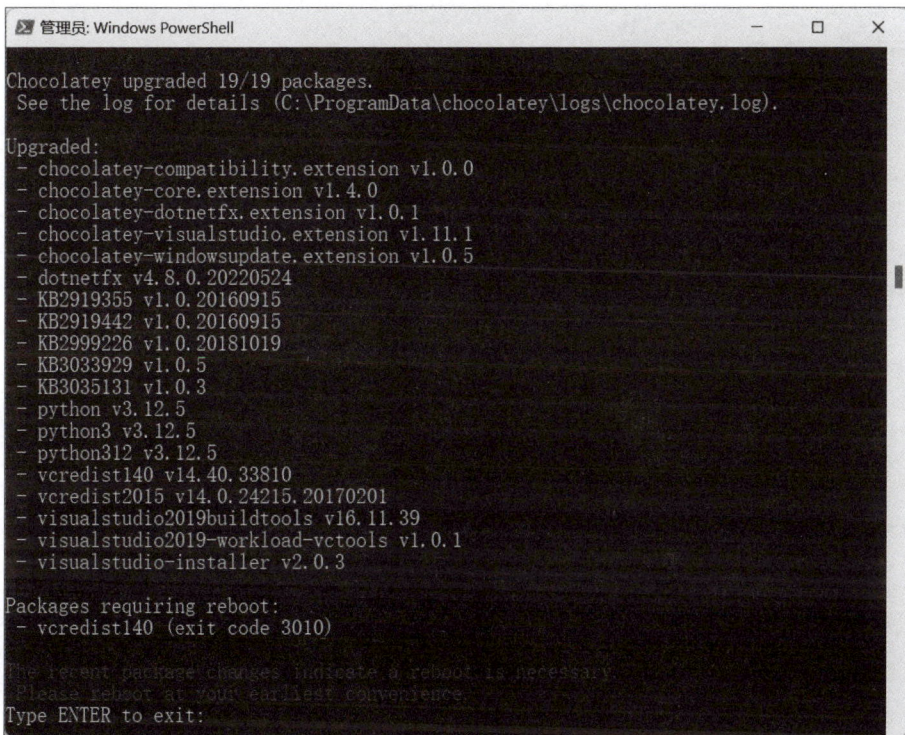

图 9-26　Windows PowerShell 命令行窗口

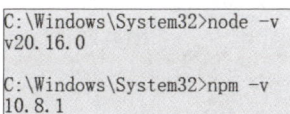

```
C:\Windows\System32>node -v
v20.16.0

C:\Windows\System32>npm -v
10.8.1
```

图 9-27　Node.js 是否安装成功

9.1.3　安装 pbiviz 程序包

重新启动计算机后，打开Windows PowerShell，如果core-js版本较低，首先需要升级core-js，输入以下命令：

```
npm install --save core-js@3
```

安装pbiviz程序包，输入以下命令：

```
npm i -g powerbi-visuals-tools
```

下面确认是否已安装 Power BI 视觉对象工具包，在 PowerShell 中，运行命令 pbiviz，然后查看输出，包括支持的命令列表，如图 9-28 所示。

```
C:\Windows\System32>pbiviz
 info  powerbi-visuals-tools version - 5.5.1

    +syyso+/
  oms/+osyhdhyso/
  ym/        /+oshddhys+/
  ym/            /+oyhddhyo+/
  ym/                /osyhdho
  ym/                    sm+
  ym/              yddy      om+
  ym/        shho /mmmm/      om+
   /    oys/ +mmmm /mmmm/      om+
  oso  ommmh +mmmm /mmmm/      om+
 ymmmy smmmh +mmmm /mmmm/      om+
 ymmmy smmmh +mmmm /mmmm/      om+
 ymmmy smmmh +mmmm /mmmm/      om+
 +dmd+ smmmh +mmmm /mmmm/      om+
  /hmdo +mmmm /mmmm/ /so+//ym/
       /dmmh /mmmm/ /osyhhy/
         //    dmmd
               ++

    PowerBI Custom Visual Tool
```

图 9-28 确认 pbiviz 是否安装成功

9.2 开发自定义视觉对象

9.2.1 Power BI 视觉对象简介

环境设置已经完成，现在可以创建自定义视觉对象了。

（1）新建自定义视觉对象项目

开始创建新 Power BI 视觉对象的最佳方式是使用 Power BI 视觉对象 pbiviz 工具。

下面创建自定义视觉对象项目，项目名称为 CircleCard，输入以下命令，如图 9-29 所示。

```
pbiviz new CircleCard
```

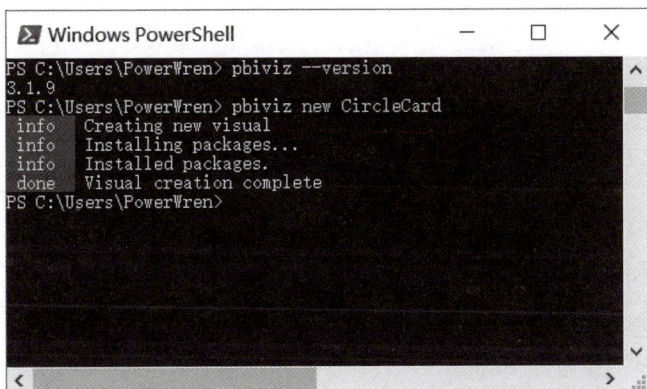

图9-29　新建自定义视觉对象项目

运行此命令将创建Power BI视觉对象文件夹，新建文件的位置是C:\
Users\shang，其中包含以下文件：

```
project
    ├──────.VS Code
    │      ├──────launch.
    │      └──────settings.
    ├──────assets
    │      └──────icon.png
    ├──────node_modules
    ├──────src
    │      ├──────settings.ts
    │      └──────visual.ts
    ├──────style
    │      └──────visual.less
    ├──────capabilities.
    ├──────package-lock.
    ├──────package.
    ├──────pbiviz.
    ├──────tsconfig.
    └──────tslint.
```

文件夹和文件说明：

此部分介绍 Power BI 视觉对象 "pbiviz" 工具所创建目录中的各个文件夹
和文件。

① .VS Code。此文件夹包含 VS Code 项目设置。

launch.json文件用来配置调试器的，可以设置调试器的启动方式、调试的目标文件、调试的参数。

要配置工作区，需编辑 .VS Code/settings.json 文件。

② assets。此文件夹包含 icon.png 文件。

Power BI 视觉对象工具使用此文件作为 Power BI 可视化效果窗格中的新 Power BI 视觉对象图标。此图标必须是 PNG 文件，且大小为 20 × 20 像素。

③ src。此文件夹包含视觉对象的源代码。

在此文件夹中，Power BI 视觉对象工具会创建以下文件：

visual.ts：视觉对象的主要源代码。

settings.ts：视觉对象设置的代码。文件中的类提供一个接口，用于定义视觉对象的属性。

④ style。此文件夹包含保存视觉对象样式的 visual.less 文件。

⑤ capabilities.json。此文件包含视觉对象的主要属性和设置（或功能）。它允许视觉对象声明支持的功能、对象、属性和数据视图映射。

⑥ package-lock.json。对于 npm 修改了 node_modules 树或 package. 文件的任何操作，将自动生成此文件。

⑦ package.json。此文件描述了项目包。它包含有关作者、说明和项目依赖项等项目信息。

⑧ pbiviz.json。此文件包含视觉对象元数据。

若要查看 pbiviz.json文件的示例，包含说明元数据条目的注释。

⑨ tsconfig.json。TypeScript 的配置文件。

此文件必须包含*.ts文件的路径，在该文件中，将在 pbiviz.json 文件的 visualClassName 属性中指定视觉对象主类的位置。

⑩ tslint.json。此文件包含 TSLint 配置。

（2）启动自定义视觉对象

切换到 CircleCard项目文件夹下，并启动自定义视觉对象，这样托管在计算机上的 CircleCard 视觉对象就可以运行，如图9-30所示。

```
cd CircleCard
pbiviz start
```

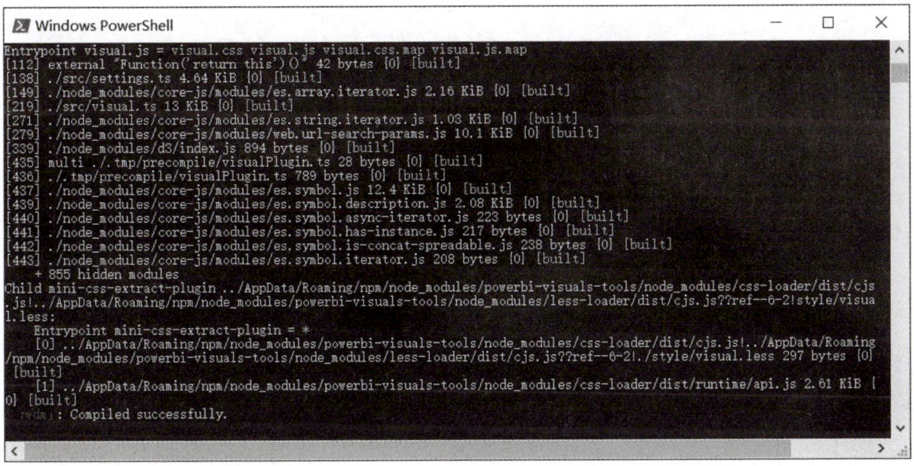

图 9-30　启动自定义视觉对象

> **注意**　不要关闭 Windows PowerShell 会话，因为后面的操作需要在 CircleCard 启动的情况下才能正常执行。

9.2.2　Power BI 视觉对象属性

每个视觉对象都有一个 capabilities.json 文件，该文件是在运行 pbiviz new <visual project name> 命令以创建新视觉对象时自动创建的。capabilities.json 文件向主机描述视觉对象。

capabilities.json 文件告诉主机视觉对象要接收的数据类型、要放置在属性窗格中的可自定义属性，以及创建视觉对象所需的其他信息。功能模型上的所有属性都是可选的，但 privileges 是必需的。

capabilities.json 文件按以下格式列出根对象：

```
{
    "privileges": [ ... ],
    "dataRoles": [ ... ],
    "dataViewMappings": [ ... ],
    "objects":  { ... },
    "supportsHighlight": true|false,
    "advancedEditModeSupport": 0|1|2,
    "sorting": { ... }
```

229

```
        ...
    }
```

创建新视觉对象时，默认 capabilities.json 文件包含以下根对象：

- privileges
- dataRoles
- dataViewMappings
- objects

以上对象是数据绑定所需的对象，可以根据需要为视觉对象编辑这些对象。以下其他的根对象是可选的，可以根据需要添加：

- tooltips
- supportsHighlight
- sorting
- expandCollapse
- supportsKeyboardFocus
- supportsSynchronizingFilterState
- advancedEditModeSupport
- supportsLandingPage
- supportsEmptyDataView
- supportsMultiVisualSelection
- keepAllMetadataColumns

（1）privileges 根对象

该对象用于定义视觉对象所需的特殊权限。

特权是视觉对象需要访问权限才能进行操作的特殊操作。特权采用一组 privilege 对象，它定义了所有特权属性。以下部分介绍 Power BI 中可用的特权。

定义特权，特权定义包含以下几个部分：

- name：字符串，特权的名称。
- essential：布尔，指示视觉对象功能是否需要此特权。true 值表示需要特权，false 值表示该特权不是必需的。
- parameters：字符串数组，可选参数。如果缺少 parameters，则将其视为

230

空数组。

下面介绍具体的特权类型，其中访问外部资源、下载到文件、本地存储特权是必须定义的特权类型。

① 允许 Web 访问。若要允许视觉对象访问外部资源或网站，请在功能部分中添加该信息作为特权。特权定义包括一个可选的 URL 列表，该列表允许视觉对象访问，格式为 http://xyz.com 或 https://xyz.com。每个 URL 还可以包含一个用于指定子域的通配符。

以下代码是允许访问外部资源的特权设置示例：

```
{
    "name": "WebAccess",
    "essential": true,
    "parameters": [ "https://*.microsoft.com", "http://
example.com" ]
}
```

前面的 WebAccess 特权意味着视觉对象只需要通过 HTTPS 协议访问 microsoft.com 域的任何子域，以及通过 HTTP 访问没有子域的 example. com，并且此访问特权对于视觉对象的功能至关重要。

② 下载到文件。若要允许用户将数据从视觉对象导出到文件中，需要将 ExportContent 设置为 true。

此 ExportContent 设置使视觉对象能够以下列格式将数据导出到文件：.txt，.csv，.json，.tmplt，.xml，.pdf，.xlsx。

此设置独立于组织的导出和共享租户设置中应用的下载限制且不受其影响。以下代码是允许下载到文件的特权设置示例：

```
"privileges": [
    {
        "name": "ExportContent",
        "essential": true
    }
]
```

③ 本地存储特权。此特权允许自定义视觉对象在用户的本地浏览器上存储信息。

以下是允许使用本地存储的特权设置示例：

231

```
"privileges": [
    {
        "name": "LocalStorage",
        "essential": true
    }
]
```

④ 不需要特权。如果视觉对象不需要任何特殊权限，privileges 数组应为空：

```
"privileges": []
```

⑤ 多个特权。以下示例显示如何为自定义视觉对象设置多个特权。

```
"privileges": [
    {
        "name": "WebAccess",
        "essential": true,
        "parameters": [ "https://*.virtualearth.net" ]
    },
    {
        "name": "ExportContent",
        "essential": false
    }
]
```

（2）dataRoles 根对象

该对象用于定义视觉对象所需的数据字段。

要定义可绑定到数据的字段，需要使用 dataRoles。dataRoles 是 DataViewRole 对象的数组，它定义所有必需的属性。dataRoles 对象是显示在属性窗格中的字段。

用户将数据字段拖入其中，以将数据字段绑定到对象。

① DataRole 属性。使用以下属性定义 DataRoles：

·name：此数据字段的内部名称，名称必须是唯一的。

·displayName：在"属性"窗格中向用户显示的名称。

·kind：字段类型如下所述。

Grouping：用于对度量值字段进行分组的离散值的集。

Measure：单个数字值。

GroupingOrMeasure：可用作组别或度量值的值。

- description：字段的简短文本说明，可选属性。
- requiredTypes：此数据角色所需的数据类型，不匹配的值设置为 null，可选属性。
- preferredTypes：此数据角色的首选数据类型，可选属性。

② requiredTypes 和 preferredTypes 的有效数据类型

- bool：布尔值。
- integer：整数值。
- numeric：数值。
- text：文本值。
- geography：地理数据。

③ dataRoles 示例。

```json
"dataRoles": [
    {
        "displayName": "My Category Data",
        "name": "myCategory",
        "kind": "Grouping",
        "requiredTypes": [
            {
                "text": true
            },
            {
                "numeric": true
            },
            {
                "integer": true
            }
        ],
        "preferredTypes": [
            {
                "text": true
            }
        ]
    },
```

```json
    {
        "displayName": "My Measure Data",
        "name": "myMeasure",
        "kind": "Measure",
        "requiredTypes": [
            {
                "integer": true
            },
            {
                "numeric": true
            }
        ],
        "preferredTypes": [
            {
                "integer": true
            }
        ]
    }
]
...
}
```

（3）dataViewMappings 根对象

数据映射的方式，该 dataViewMappings 对象描述数据角色之间的关联方式，并使用户能够指定显示数据视图的条件要求。

大多数视觉对象提供单个映射，但可以提供多个 dataViewMappings，每个有效映射都会生成数据视图。

```json
"dataViewMappings": [
    {
        "conditions": [ ... ],
        "categorical": { ... },
        "table": { ... },
        "single": { ... },
        "matrix": { ... }
    }
]
```

（4）objects 根对象

定义属性窗格选项，该对象描述与视觉对象关联的可自定义属性。此部分中定义的对象是出现在"格式"窗格中的对象。每个对象可以具有多个属性，每个属性都有与之关联的类型。

```
"objects": {
    "myCustomObject": {
        "properties": { ... }
    }
}
```

例如，要支持自定义视觉对象中的动态格式字符串，需要定义以下对象：

```
"objects": {
        "general": {
            "properties": {
                "formatString": {
                    "type": {
                        "formatting": {
                            "formatString": true
                        }
                    }
                }
            }
        },
```

9.2.3 Power BI 数据视图映射

下面介绍数据视图映射，并说明如何使用数据角色创建不同类型的视觉对象。说明如何指定数据角色的条件要求以及不同的 dataMappings 类型。

每个有效映射都会生成数据视图。在某些情况下，可以提供多个数据映射。支持的映射选项有：conditions、categorical、single、table、matrix。

```
"dataViewMappings": [
    {
        "conditions": [ ... ],
        "categorical": { ... },
        "single": { ... },
        "table": { ... },
```

```
        "matrix": { ... }
      }
    ]
```

仅当在 dataViewMappings 中定义了有效映射时，Power BI 才会创建到数据视图的映射。

换句话说，categorical 可在 dataViewMappings 中定义，但其他映射（例如 table 或 single）可能不行。在这种情况下，Power BI 会生成具有单个 categorical 映射的数据视图，并且 table 和其他映射仍保持未定义状态，例如：

```
"dataViewMappings": [
    {
    "categorical": {
        "categories": [ ... ],
        "values": [ ... ]
    },
    "metadata": { ... }
    }
]
```

（1）条件（conditions）数据映射

conditions 部分建立特定数据映射的规则。如果数据与所述的一组条件相匹配，则视觉对象会将数据作为有效数据来接收。

对于每个字段，可以指定最小值和最大值。该值表示可以绑定到该数据角色的字段数。如果条件中省略了数据角色，那么可以绑定任意数量的字段。

在以下示例中，将 category 限制为一个数据字段，并将 measure 限制为两个数据字段。

```
"conditions": [
    {"category": { "max": 1 }, "measure": { "max": 2}},
]
```

还可以为数据角色设置多个条件。在这种情况下，如果满足其中任何一个条件，则数据是有效的。

```
"conditions": [
    {"category": {"min": 1, "max": 1}, "measure": {"min": 2,
"max": 2}},
```

```
        {"category": {"min": 2, "max": 2}, "measure": {"min": 1,
"max": 1}}
    ]
```

在上面的示例中，需要满足以下两个条件之一：

· 一个类别字段和两个度量值；

· 两个类别字段和一个度量值。

◯ （2）单个（single）数据映射

单个数据映射是数据映射的最简单形式。它接收单个度量值字段并返回总计。如果该字段为数值，则返回总和，否则，它返回非重复值的计数。

要使用单个数据映射，则定义要映射的数据角色的名称。此映射仅适用于单个度量值字段。如果分配了第二个字段，则不会生成任何数据视图，因此，最好包含将数据限制为单个字段的条件。

此数据映射不能与任何其他数据映射结合使用，它旨在将数据减少到单个数值，例如：

```
{
    "dataRoles": [
        {
            "displayName": "Y",
            "name": "Y",
            "kind": "Measure"
        }
    ],
    "dataViewMappings": [
        {
            "conditions": [
                {
                    "Y": {
                        "max": 1
                    }
                }
            ],
            "single": {
                "role": "Y"
            }
```

```
        }
    ]
}
```

生成的数据视图仍可包含其他映射类型（例如表或类别），但每个映射只包含单个值。最佳做法是只访问单个映射中的值。

```
{
    "dataView": [
        {
            "metadata": null,
            "categorical": null,
            "matrix": null,
            "table": null,
            "tree": null,
            "single": {
                "value": 94163140.3560001
            }
        }
    ]
}
```

下面的代码示例处理简单的数据视图映射：

```typescript
TypeScript
"use strict";
import powerbi from "powerbi-visuals-api";
import DataView = powerbi.DataView;
import DataViewSingle = powerbi.DataViewSingle;
// standard imports
// ...

export class Visual implements IVisual {
    private target: HTMLElement;
    private host: IVisualHost;
    private valueText: HTMLParagraphElement;

    constructor(options: VisualConstructorOptions) {
        // constructor body
        this.target = options.element;
        this.host = options.host;
```

```
        this.valueText = document.createElement("p");
        this.target.appendChild(this.valueText);
        // ...
    }


    public update(options: VisualUpdateOptions) {
        const dataView: DataView = options.dataViews[0];
        const singleDataView: DataViewSingle = dataView.
single;

        if (!singleDataView ||
            !singleDataView.value ) {
            return
        }

        this.valueText.innerText = singleDataView.value.
toString();
    }
}
```

上述代码示例的结果是显示 Power BI 中的单个值。

（3）分类（categorical）数据映射

分类数据映射用于获取独立的数据组别或类别。还可使用数据映射中的"分组依据"将类别分为一个组。

基本分类数据映射考虑以下数据角色和映射：

```
"dataRoles":[
    {
        "displayName": "Category",
        "name": "category",
        "kind": "Grouping"
    },
    {
        "displayName": "Y Axis",
        "name": "measure",
        "kind": "Measure"
    }
],
```

```
"dataViewMappings": {
    "categorical": {
        "categories": {
            "for": { "in": "category" }
        },
        "values": {
            "select": [
                { "bind": { "to": "measure" } }
            ]
        }
    }
}
```

上述示例的内容是"映射我的 category 数据角色，以便我拖入 category 的每个字段的数据都映射到 categorical.categories。同时将 measure 数据角色映射到 categorical.values"。

for...in：包含数据查询中此数据角色中的所有项。

bind...to：生成与 for...in 相同的结果，但预期数据角色具有将其限制为单个字段的条件。

① 对分类数据进行分组。下一示例使用与上一示例相同的两个数据角色，并再添加了两个数据角色，即 grouping 和 measure2。

```
"dataRoles":[
    {
        "displayName": "Category",
        "name": "category",
        "kind": "Grouping"
    },
    {
        "displayName": "Y Axis",
        "name": "measure",
        "kind": "Measure"
    },
    {
        "displayName": "Grouping with",
        "name": "grouping",
        "kind": "Grouping"
    },
```

```
    {
        "displayName": "X Axis",
        "name": "measure2",
        "kind": "Grouping"
    }
],
"dataViewMappings": [
    {
        "categorical": {
            "categories": {
                "for": {
                    "in": "category"
                }
            },
            "values": {
                "group": {
                    "by": "grouping",
                    "select": [{
                        "bind": {
                            "to": "measure"
                        }
                    },
                    {
                        "bind": {
                            "to": "measure2"
                        }
                    }
                    ]
                }
            }
        }
    }
]
```

此映射与基本映射之间的区别在于 categorical.values 的映射方式。将 measure 和 measure2 数据角色映射到 grouping 数据角色时，可以适当缩放 x 轴和 y 轴。

② 对分层数据进行分组。在下一示例中，将使用分类数据创建层次结构，该层次结构可用于支持向下钻取操作。

241

下例显示了数据角色和映射：

```
"dataRoles": [
    {
        "displayName": "Categories",
        "name": "category",
        "kind": "Grouping"
    },
    {
        "displayName": "Measures",
        "name": "measure",
        "kind": "Measure"
    },
    {
        "displayName": "Series",
        "name": "series",
        "kind": "Measure"
    }
],
"dataViewMappings": [
    {
        "categorical": {
            "categories": {
                "for": {
                    "in": "category"
                }
            },
            "values": {
                "group": {
                    "by": "series",
                    "select": [{
                            "for": {
                                "in": "measure"
                            }
                        }
                    ]
                }
            }
        }
    }
]
```

（4）表（table）数据映射

实质上，表数据视图是数据点的列表，可在其中聚合数值数据点。例如，使用对分层数据进行分组的相同数据，但包含以下功能，代码如下：

```
"dataRoles": [
    {
        "displayName": "Column",
        "name": "column",
        "kind": "Grouping"
    },
    {
        "displayName": "Value",
        "name": "value",
        "kind": "Measure"
    }
],
"dataViewMappings": [
    {
        "table": {
            "rows": {
                "select": [
                    {
                        "for": {
                            "in": "column"
                        }
                    },
                    {
                        "for": {
                            "in": "value"
                        }
                    }
                ]
            }
        }
    }
]
```

243

Power BI 以表数据视图的形式显示数据，代码如下：

```json
{
    "table" : {
        "columns": [...],
        "rows": [
            [
                "Canada",
                2014,
                630
            ],
            [
                "Canada",
                2015,
                490
            ],
            [
                "Mexico",
                2013,
                645
            ],
            [
                "UK",
                2014,
                831
            ],
            [
                "USA",
                2015,
                650
            ],
            [
                "USA",
                2016,
                350
            ]
        ]
    }
}
```

处理表数据视图映射的代码如下：

```typescript
TypeScript
"use strict";
import "./../style/visual.less";
import powerbi from "powerbi-visuals-api";
// ...
import DataViewMetadataColumn = powerbi.
DataViewMetadataColumn;
import DataViewTable = powerbi.DataViewTable;
import DataViewTableRow = powerbi.DataViewTableRow;
import PrimitiveValue = powerbi.PrimitiveValue;
// standard imports
// ...

export class Visual implements IVisual {
    private target: HTMLElement;
    private host: IVisualHost;
    private table: HTMLParagraphElement;

    constructor(options: VisualConstructorOptions) {
        // constructor body
        this.target = options.element;
        this.host = options.host;
        this.table = document.createElement("table");
        this.target.appendChild(this.table);
        // ...
    }

    public update(options: VisualUpdateOptions) {
        const dataView: DataView = options.dataViews[0];
        const tableDataView: DataViewTable = dataView.table;

        if (!tableDataView) {
            return
        }
        while(this.table.firstChild) {
            this.table.removeChild(this.table.firstChild);
        }
```

245

```
        //draw header
        const tableHeader = document.createElement("th");
        tableDataView.columns.forEach((column:
DataViewMetadataColumn) => {
            const tableHeaderColumn = document.
createElement("td");
            tableHeaderColumn.innerText = column.displayName
            tableHeader.appendChild(tableHeaderColumn);
        });
        this.table.appendChild(tableHeader);

        //draw rows
        tableDataView.rows.forEach((row: DataViewTableRow)
=> {
            const tableRow = document.createElement("tr");
            row.forEach((columnValue: PrimitiveValue) => {
                const cell = document.createElement("td");
                cell.innerText = columnValue.toString();
                tableRow.appendChild(cell);
            })
            this.table.appendChild(tableRow);
        });
    }
}
```

视觉对象样式文件 style/visual.less 包含表的布局，代码如下：

```less
复制
table {
    display: flex;
    flex-direction: column;
}

tr, th {
    display: flex;
    flex: 1;
}

td {
```

```
    flex: 1;
    border: 1px solid black;
}
```

（5）矩阵（matrix）数据映射

矩阵数据映射与表数据映射类似，但前者按层次结构显示行。任意一个数据角色值均可用作列标题值。代码如下：

```
{
    "dataRoles": [
        {
            "name": "Category",
            "displayName": "Category",
            "displayNameKey": "Visual_Category",
            "kind": "Grouping"
        },
        {
            "name": "Column",
            "displayName": "Column",
            "displayNameKey": "Visual_Column",
            "kind": "Grouping"
        },
        {
            "name": "Measure",
            "displayName": "Measure",
            "displayNameKey": "Visual_Values",
            "kind": "Measure"
        }
    ],
    "dataViewMappings": [
        {
            "matrix": {
                "rows": {
                    "for": {
                        "in": "Category"
                    }
                },
                "columns": {
                    "for": {
```

```
                        "in": "Column"
                    }
                },
                "values": {
                    "select": [
                        {
                            "for": {
                                "in": "Measure"
                            }
                        }
                    ]
                }
            }
        ]
    }
```

如果使用矩阵数据视图对视觉对象启用展开/折叠功能，那么需要在
capabilities.json文件中添加以下代码：

```
"expandCollapse": {
"roles": ["Rows"], //"Rows" is the name of rows data
role
"addDataViewFlags": {
    "defaultValue": true //indicates if the
DataViewTreeNode will get the isCollapsed flag by default
}
},
```

确认角色可钻取：

```
"drilldown": {
"roles": ["Rows"]
},
```

对于每个节点，在所选节点层次结构级别调用 withMatrixNode 方法并创建 selectionId，以创建选择生成器的实例，例如：

```
TypeScript
    let nodeSelectionBuilder: ISelectionIdBuilder = visualHost.
createSelectionIdBuilder();
    // parantNodes is a list of the parents of the selected node.
```

248

```
    // node is the current node which the selectionId is
created for.
    parentNodes.push(node);
    for (let i = 0; i < parentNodes.length; i++) {
        nodeSelectionBuilder = nodeSelectionBuilder.
withMatrixNode(parentNodes[i], levels);
    }
    const nodeSelectionId: ISelectionId = nodeSelectionBuilder.
createSelectionId();
```

创建选择管理器的实例，并将 selectionManager.toggleExpandCollapse() 方法与为所选节点创建的 selectionId 的参数一起使用，例如：

```
TypeScript
    // handle click events to apply expand\collapse action
for the selected node
    button.addEventListener("click", () => {
    this.selectionManager.toggleExpandCollapse(nodeSelectionId);
    });
```

如果所选节点不是行节点，则 PowerBI 将忽略展开和折叠调用，并将从上下文菜单中删除展开和折叠命令。

只有在视觉对象支持 drilldown 或 expandCollapse 功能时，showContextMenu 方法才需要 dataRoles 参数。如果视觉对象支持这些功能，但未提供 dataRoles，则在使用开发者视觉对象或调试启用了调试模式的公共视觉对象时，将向控制台输出一个错误。

9.3　发布 Power BI 自定义视觉对象

9.3.1　打包 Power BI 视觉对象

将自定义视觉对象加载到 Power BI 中或者在 Power BI 视觉对象库中与社

249

区共享视觉对象之前，需要将该视觉对象打包。

（1）输入属性值

① 在 PowerShell 中，如果视觉对象正在运行，需要停止该视觉对象。

② 在 VS Code 中，导航到视觉对象项目的根文件夹并打开 pbiviz.json 文件。

③ 在 visual 对象中，将 displayName 值设置为要作为视觉对象的显示名称的值，如图9-31 所示。

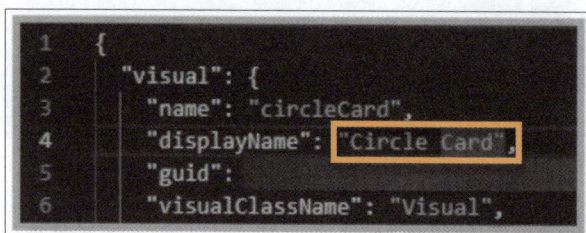

图 9-31　输入属性值

将光标悬停在视觉对象图标上时，视觉对象的显示名称将显示在 Power BI 的"可视化效果"窗格中。

④ 在 pbiviz.json 文件中填写或修改以下字段：visualClassName、description。

visualClassName 为选填，但必须填写 description 才能运行包命令。

⑤ 在 supportUrl 和 gitHubUrl 中填写用户可以访问以获得支持和查看视觉对象的 GitHub 项目的 URL。

以下代码显示 supportUrl 和 gitHubUrl 示例：

```
{
    "supportUrl": "https://community.powerbi.com",
    "gitHubUrl": "https://github.com/microsoft/PowerBI-visuals-circlecard"
}
```

⑥ 在 author 对象中输入姓名和电子邮件。

⑦ 保存"pbiviz.json"文件。

（2）打包视觉对象

在 VS Code 中，确保已保存所有文件。

在 PowerShell 中，输入以下命令以生成pbiviz.json文件：

```
pbiviz package
```

此命令在视觉对象项目的 /dist/ 目录中创建一个pbiviz.json文件，并覆盖可能存在的任何先前的pbiviz.json文件。

包输出到项目的 /dist/ 文件夹。该包包含将自定义视觉对象导入到 Power BI 服务或 Power BI 报表所需的所有内容，且已打包自定义视觉对象可供使用。

9.3.2 发布到 Microsoft 商业市场

在创建 Power BI 视觉对象后，可能想要将其发布到AppSource（图9-32）供其他人发现和使用。AppSource是微软推出的面向全球终端用户和业务决策者的企业应用商店，是查找Microsoft产品和服务的SaaS应用与加载项的位置，可以在此处找到许多Power BI视觉对象。

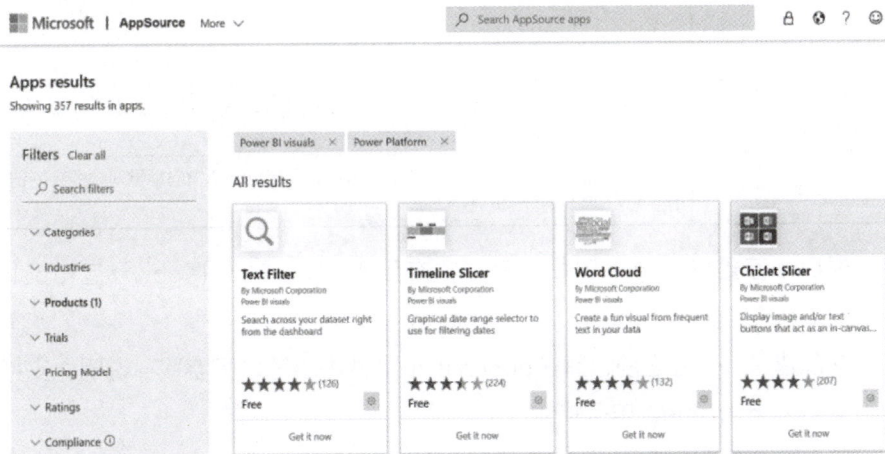

图 9-32 微软 AppSource

若要提交 Power BI 视觉对象，首先必须在合作伙伴中心注册。

此外，在将 Power BI 视觉对象提交给 AppSource 之前，确保它符合 Power BI 视觉对象指南。准备好提交 Power BI 视觉对象时，需要验证视觉对象是否符合表9-1所有要求。

251

表9-1 自定义视觉对象要求

项	必填	说明
pbiviz包	是	将Power BI视觉对象打包到pbiviz包中。确保pbiviz.json文件包含所有必需的元数据：视觉对象名称、显示名称、GUID、版本（四位数字：x.x.x.x）、说明、支持URL、作者姓名和电子邮件
示例 .pbix 报表文件	是	为了帮助用户熟悉视觉对象，请向用户突出显示该视觉对象可以带来的价值，并举例说明用法和格式设置。还可以添加"提示"页，并在页面末尾附上一些提示和技巧以及操作注意事项。 示例 .pbix 报表文件必须脱机运行且无任何外部连接
徽标	是	包括将在市场列表中出现的自定义视觉对象徽标。它应采用 PNG 格式，并且正好为 300×300。 重要说明：在提交徽标之前，应仔细查看AppSource应用商店图像指南
屏幕截图	是	提供至少一张（最多五张）屏幕截图，格式为PNG。尺寸必须正好为 1366（宽）×768（高），且大小不得超过 1024kb。 添加文本气泡以阐明每个屏幕截图中所示的关键功能的价值
支持下载链接	是	为客户提供支持 URL。此链接作为合作伙伴中心一览的一部分输入；当用户在 AppSource 上访问的视觉对象一览时，可以看到此链接。URL 应以 https:// 开头
隐私文档链接	是	提供指向视觉对象隐私策略的链接。此链接作为合作伙伴中心一览的一部分输入；当用户在AppSource上访问的视觉对象一览时，可以看到此链接。URL 应以https://开头
最终用户许可协议 (EULA)	是	必须为Power BI视觉对象提供一个EULA文件。可以使用标准协定、Power BI视觉对象协定或自己的EULA
视频链接	否	为了增加用户对自定义视觉对象的兴趣，可提供一个指向视觉对象视频的链接。URL 应以https://开头

最后，若要将Power BI视觉对象提交到AppSource，将pbiviz包和pbix文件上传到合作伙伴中心。

在创建pbiviz包之前，请在pbiviz.json文件中填写以下字段：说明、支持URL、author、name、电子邮件。

单个发布者可以使用以下方法之一来提交Power BI视觉对象：

① 如果有旧的卖方仪表板账户，则可以继续使用此账户的凭据登录到合作伙伴中心。

② 如果没有旧的卖方仪表板账户，且未注册合作伙伴中心，则需要使用工作电子邮件在合作伙伴中心打开开发人员账户。

在提交视觉对象之前，需要确保它满足所有要求，不符合要求的视觉对象将被拒绝。

10

开发基于R的
视觉对象

▼

利用R强大的数据分析和可视化功能，可以显著增强Power BI报表。通过开发基于R的视觉对象，能够将R的高级可视化技术巧妙地融入Power BI之中。本章将通过实际案例进行详细介绍如何开发基于R的视觉对象，为我们的数据分析之旅增添新的活力与价值。

10.1　创建 R 驱动的视觉对象

10.1.1　数据准备

首先，为了创建视觉对象，需要精心准备示例数据。以商品每个月的订单数据为例，这些数据可以被整理并保存为Excel文件。在保存时，应确保数据的准确性和完整性，各个字段的内容清晰明确，没有错误或缺失值，如表10-1所示。

将这些精心整理的数据保存为Excel文件后，便可以将其导入到Power BI软件中。在导入过程中，Power BI会自动识别Excel文件中的数据结构和格式，将数据准确地加载到软件中。这样一来，就为后续创建基于这些数据的视觉对象奠定了基础。

表10-1　月度商品订单表

Month	Sales
1	2303
2	2319
3	1732
4	1615
5	1427
6	2253
7	1147
8	1515
9	2516
10	3131
11	3170
12	2762

若要创建视觉对象，需打开 PowerShell 或 Windows终端，并运行以下命令：

```
pbiviz new rVisualSample -t rvisual
```

此命令为 rVisualSample 视觉对象创建一个新文件夹。结构基于 rvisual 模板。它将在视觉对象的根文件夹中创建一个名为 script.r 的文件。此文件将保管

R脚本，该脚本运行后可在呈现视觉对象时生成图像。可以在 Power BI 中创建 R脚本。

在新创建的 rVisualSample 目录运行以下命令：

```
pbiviz start
```

然后，在 Power BI 中，选择"R 脚本 Visual"，如图10-1所示。

通过将"Month"和"Sales"拖动到视觉对象的"值"设置项中，且"Month"和"Sales"的聚合类型都设置为"不汇总"，默认是"求和"，如图10-2所示。

图10-1 "R 脚本 Visual"

图10-2 "值"设置项

在Power BI中的R脚本编辑器中，键入以下内容：

```
plot(dataset)
```

此命令使用语义模型中的值作为输入来创建散点图。然后，单击R脚本编辑器右侧的"运行脚本"图标，以查看程序运行结果，如图10-3所示。

10.1.2 编辑 R 脚本

可以通过修改R脚本来灵活地创建其他类型的视觉对象，从而满足不同的数据分析需求和可视化要求。接下来，为了创建一个折线图，将编写R代码并粘贴到R脚本编辑器中。这个过程需要仔细地选择合适的R代码，确保其能够准确地生成期望的折线图效果。

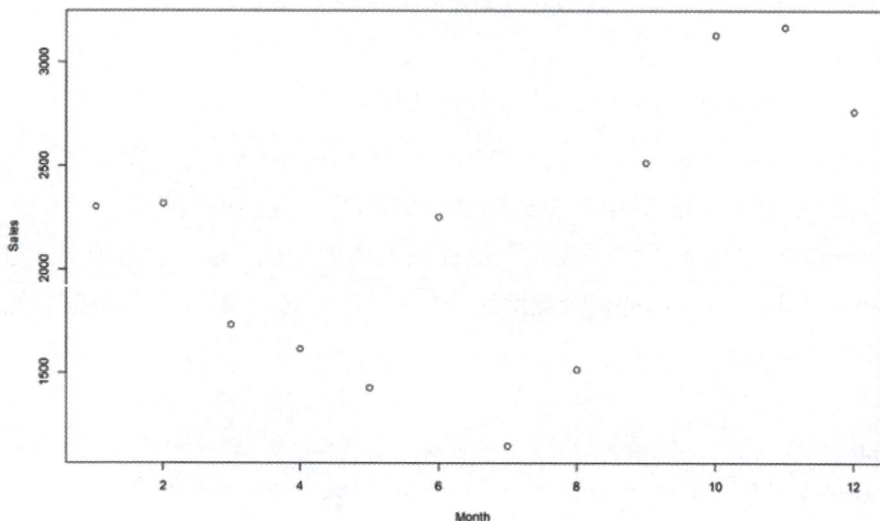

图 10-3 散点图

在粘贴代码之前，可以先对代码进行一定的了解和分析，查看其中涉及的变量、绘图函数以及参数设置等内容。一旦将代码成功粘贴到 R 脚本编辑器中，Power BI 就会执行这段 R 代码，根据数据生成一个清晰直观的折线图。绘制折线图的代码如下：

```
x <- dataset[,1]  # 从数据集中获取第一列数据
y <- dataset[,2]  # 从数据集中获取第二列数据

columnNames = colnames(dataset)  # 获取数据集列名

plot(x, y, type="n", xlab=columnNames[1], ylab=columnNames[2])
# 使用轴和标签绘制图形
lines(x, y, col="red")  # 绘制折线图
```

单击"运行脚本"图标后，Power BI 会开始执行在 R 脚本编辑器中输入的代码。这个过程就像是启动了一个强大的数据分析引擎，它会迅速地处理数据并生成相应的可视化结果，生成的折线图如图 10-4 所示。

R 脚本准备就绪后，就需要将其复制到视觉对象项目的根目录中的 script.r 文件中。这个步骤确保了 R 脚本能够在正确的位置被调用和执行，为后续创建视觉对象奠定基础。

接着，在 capabilities.json 文件中进行更改操作。将"dataRoles: name"更

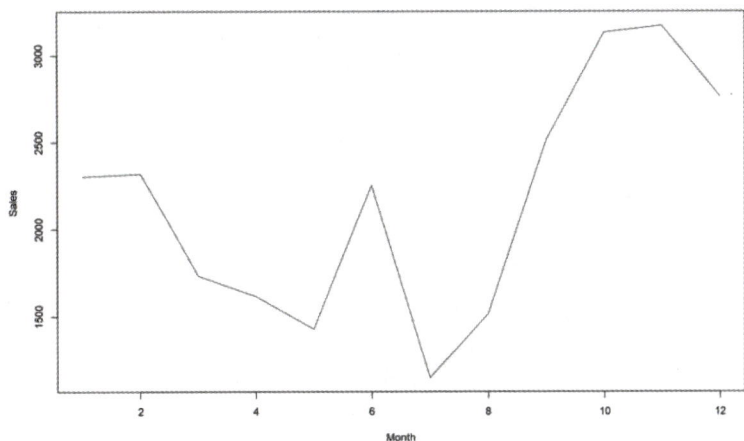

图 10-4　折线图

改为"dataset"，这一步明确了数据在视觉对象中的角色命名，使其更易于在项目中被识别和处理。同时，将"dataViewMappings"输入设置为"dataset"，这确保了数据视图的映射正确指向了所需的数据集，详细代码如下所示。

　　通过这些精确的设置调整，为视觉对象的顺利运行和准确展示做好了充分的准备，使得基于R脚本创建的视觉对象能够更加高效地呈现数据并满足特定的分析需求。

```
{
  "dataRoles": [
    {
      "displayName": "Values",
      "kind": "GroupingOrMeasure",
      "name": "dataset"
    }
  ],
  "dataViewMappings": [
    {
      "scriptResult": {
        "dataInput": {
          "table": {
            "rows": {
              "select": [
                {
                  "for": {
```

257

```
                    "in": "dataset"
                }
            }
        ],
        "dataReductionAlgorithm": {
            "top": {}
        }
    }
},
...
}
        }
    ],
}
```

在处理基于R脚本创建视觉对象的过程中，还需要对"src/visual.ts"文件进行修改，尤其是调整此映像大小的部分。查看给定的源代码，可以发现其中包含了与映像大小等调整相关的参数和逻辑，源代码如下：

```
public onResizing(finalViewport: IViewport): void {
    this.imageDiv.style.height = finalViewport.height + "px";
    this.imageDiv.style.width = finalViewport.width + "px";
}
```

在"src/visual.ts"文件中，需要添加图像元素"imageElement"，添加图像元素可以为视觉对象带来更丰富的可视化效果和更多的信息展示方式，调整后的代码如下：

```
public onResizing(finalViewport: IViewport): void {
    this.imageDiv.style.height = finalViewport.height + "px";
    this.imageDiv.style.width = finalViewport.width + "px";
    this.imageElement.style.height = finalViewport.height +
"px";
    this.imageElement.style.width = finalViewport.width + "px";
}
```

10.1.3　向视觉对象包添加库

为了能够使用 corrplot 包来创建相关系数矩阵，需要将 corrplot 包的依

258

赖项添加到 dependencies.json 文件中。这个操作至关重要，因为它确保了在 Power BI 视觉对象项目中可以顺利地调用 corrplot 包的功能。通过添加依赖项，为创建直观且有价值的相关系数矩阵奠定了基础，代码如下：

```
{
  "cranPackages": [
    {
      "name": "corrplot",
      "displayName": "corrplot",
      "url": "https://cran.r-project.org/web/packages/corrplot/"
    }
  ]
}
```

接着，在"script.r"文件中添加如下代码。添加这些代码后，Power BI 建立了与"corrplot"包的连接，并为后续利用该包进行相关系数矩阵的图形显示做好了准备。通过精确地添加这些代码，可以充分发挥"corrplot"包的强大功能。

```
library(corrplot)
corr <- cor(dataset)
corrplot(corr, method="circle", order = "hclust")
```

最后，单击"运行脚本"图标，可以查看使用 corrplot 包后的结果，如图 10-5所示。

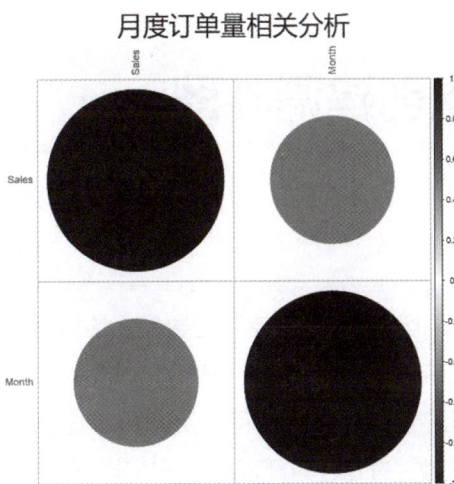

图 10-5 相关系数矩阵

259

10.1.4　打包并导入视觉对象

现在可以进行视觉对象的打包操作。然而，在打包之前，有一个重要的步骤不能忽略，那就是填写"pbivis.json"文件中的"displayName"（显示名称）、"supportUrl"（支持链接）、"description"（描述）、"name"（名称）和"email"（邮箱）等信息。

其中，"displayName"应简洁明了地概括视觉对象的主要功能或特点，以便用户在 Power BI 的可视化库中能够快速识别。"supportUrl"可以提供用户在遇到问题时获取帮助的渠道。"description"则可以详细介绍视觉对象的用途、优势和使用方法等，帮助用户更好地理解和使用。"name"是视觉对象的内部标识，也需要具有一定的辨识度。"email"可以用于接收用户的反馈和问题报告。

此外，如果要更改可视化效果窗格上的视觉对象图标，需要替换 assets 文件夹下的"icon.png"文件。通过替换"icon.png"文件，可以根据实际需求定制独特的图标，使其更符合视觉对象的功能特点或风格。

打包视觉对象，在视觉对象的根目录，运行以下命令：

```
pbiviz package
```

最后，就可以将视觉对象的 pbiviz 文件导入任何 Power BI 报表。

10.2　对 R 视觉对象创建漏斗图

10.2.1　数据准备

本案例使用的癌症死亡表，是某个地区2023年癌症死亡数据，该数据集（dataset.csv）极为全面且具有重要的研究价值，它详细地呈现了各个地区的癌症死亡率相关信息。其中明确列出了地区名称，清晰地展示了各个地区的总人口数量，精准统计了每个地区的癌症死亡人数，并且经过严谨的计算得出了各个地区的癌症死亡率。

漏斗图提供了一种简单方法，它以形象的漏斗形状呈现数据的流动和变化过程，让用户能够清晰地看到各个阶段的数据转化情况。下面介绍如何使用R脚本对R视觉对象逐步创建漏斗图。在此示例中，漏斗图用于比较和分析各种数据集。

10.2.2　创建 R 驱动视觉对象

运行以下命令来创建新的R驱动视觉对象：

```
pbiviz new funnelvisual -t rvisual
```

此命令通过初始模板视觉对象创建文件夹 funnelvisual。Pbiviz 文件位于 dist 文件夹中，R 代码位于 script.r 文件中。

编辑 capabilities.json，并将 "displayName" 和 "name" 等替换为 "dataset"。这会将模板中的 "角色" 名称替换为类似于R代码中的名称，代码如下：

```
{
  "dataRoles": [
    {
      "displayName": "dataset",
      "kind": "GroupingOrMeasure",
      "name": "dataset"
    }
  ],
  "dataViewMappings": [
    {
      "scriptResult": {
        "dataInput": {
          "table": {
            "rows": {
              "select": [
                {
                  "for": {
                    "in": "dataset"
                  }
                }
              ],
              "dataReductionAlgorithm": {
                "top": {}
              }
            }
```

261

```json
          }
        }
      },
      "script": {
        "scriptProviderDefault": "R",
        "scriptOutputType": "png",
        "source": {
          "objectName": "rcv_script",
          "propertyName": "source"
        },
        "provider": {
          "objectName": "rcv_script",
          "propertyName": "provider"
        }
      }
    }
  ],
  "objects": {
    "rcv_script": {
      "properties": {
        "provider": {
          "type": {
            "text": true
          }
        },
        "source": {
          "type": {
            "scripting": {
              "source": true
            }
          }
        }
      }
    }
  },
  "suppressDefaultTitle": true
}
```

编辑dependencies.json文件，并为R脚本配置所需的R包，这会告诉Power BI在首次加载视觉对象时自动导入这些包，代码如下：

```
{
  "cranPackages": [
    {
      "name": "ggplot2",
      "displayName": "GG Plot 2",
      "url": "https://cran.r-project.org/web/packages/ggplot2/index.html"
    },
    {
      "name": "scales",
      "displayName": "scales: Scale Functions for Visualization",
      "url": "https://cran.r-project.org/web/packages/scales/index.html"
    }
  ]
}
```

使用 pbiviz package 命令重新打包视觉对象，并尝试将其导入Power BI软件。

10.2.3　基于 R 视觉对象改进

上面创建的视觉对象使用起来并不方便，因为用户必须知道输入表中的列顺序，再输入相应字段，dataset分为三个字段：Population、Occurrence和Tooltips，如图10-6所示。

编辑原来的capabilities文件，将dataset角色替换为这三个新角色，更新dataRoles和dataViewMappings两个部分，还需要定义每个输入字段的名称、类型、工具提示和最大列数，具体代码可扫码阅读。

图10-6　基于 R 视觉对象改进

扫码阅读PDF文档

编辑script.r以支持将Population、Occurrence和Tooltips作为输入数据而不是dataset。此外，还通过为每个用户参数添加if.exists调用来添加对UI中参数的支持。可以搜索注释块：

```
#RVIZ_IN_PBI_GUIDE:BEGIN: Added to enable visual fields
#RVIZ_IN_PBI_GUIDE:END: Added to enable visual fields
#RVIZ_IN_PBI_GUIDE:BEGIN: Removed to enable visual fields
#RVIZ_IN_PBI_GUIDE:BEGIN: Removed to enable visual fields
```

主要代码可扫码阅读。

扫码阅读PDF文档

然后，使用 pbiviz package 命令重新打包视觉对象，并尝试将其导入Power BI软件。

10.2.4　添加用户参数

为用户添加功能，以控制视觉对象元素的颜色和大小，包括UI中的内部参数，如图10-7所示。

编辑capabilities.json文件并更新objects部分。在这里，我们定义每个参数的名称、工具提示和类型，并决定将参数划分为三个组，代码可扫码阅读。

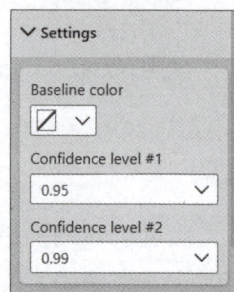

图 10-7　添加用户参数

扫码阅读PDF文档

编辑src/settings.ts文件，将找到针对以下目的添加声明新接口以保存属性值、定义成员属性和默认值两个代码块，代码如下：

```
module powerbi.extensibility.visual {
    "use strict";
```

```
    import DataViewObjectsParser = powerbi.extensibility.
utils.dataview.DataViewObjectsParser;

    export class VisualSettings extends DataViewObjectsParser
{
    //RVIZ_IN_PBI_GUIDE:BEGIN:Added to enable user parameters
        public settings_funnel_params: settings_funnel_params
= new settings_funnel_params();
        public settings_scatter_params: settings_scatter_params
= new settings_scatter_params();
        public settings_axes_params: settings_axes_params =
new settings_axes_params();
    //RVIZ_IN_PBI_GUIDE:END:Added to enable user parameters
        }

    //RVIZ_IN_PBI_GUIDE:BEGIN:Added to enable user parameters
    export class settings_funnel_params {
        public lineColor: string = "blue";
        public conf1: string = "0.95";
        public conf2: string = "0.99";
    }

    export class settings_scatter_params {
        public pointColor: string = "orange";
        public weight: number = 10;
        public percentile: number = 40;
        public sparsify: boolean = true;
    }

    export class settings_axes_params {
        public colLabel: string = "gray";
        public textSize: number = 12;
        public axisXisPercentage: boolean = true;
        public scaleXformat: string = "comma";
        public scaleYformat: string = "none";
        public sizeTicks: string = "6";
    }
    //RVIZ_IN_PBI_GUIDE:END:Added to enable user parameters
}
```

使用 pbiviz package 命令重新打包视觉对象，并尝试将其导入 Power BI 软件。

10.2.5　可视化分析

接下来，将 dataset.csv 数据文件加载到 Power BI 工作区，可以利用上述创建的视觉对象，创建一个"地区癌症死亡率分析"散点图，如图10-8所示。

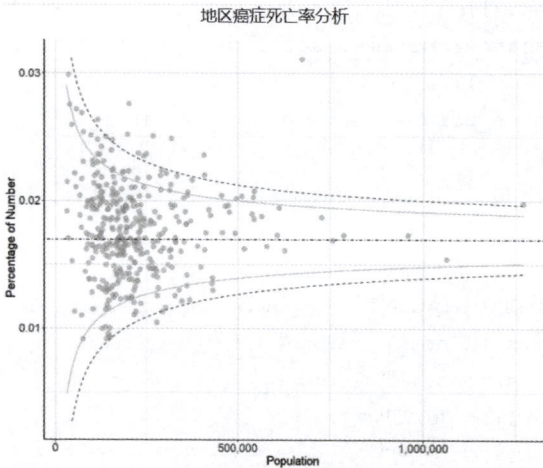

图 10-8　可视化分析

10.2.6　注意事项

要使用与 Power BI 报表中相同的数据在 RStudio 中调试 R 代码，需要将以下代码添加到 R 脚本的开头，代码如下：

```
#DEBUG in RStudio
fileRda = "C:/Users/yourUserName/Temp/tempData.Rda"
if(file.exists(dirname(fileRda)))
{
    if(Sys.getenv("RSTUDIO")!="")
        load(file= fileRda)
    else
        save(list = ls(all.names = TRUE), file=fileRda)
}
```

这会保存 Power BI 报表中的环境，并将其加载到 RStudio 中。

附录：面试 40 问

以下是可能在 Power BI 面试中出现的 40 个问题：

一、基础知识

1. 请简要介绍一下 Power BI 的主要功能。

2. 什么是 Power BI Desktop？它有哪些主要组成部分？

3. 解释一下 Power BI 中的数据源有哪些类型？

4. 如何连接到不同的数据源，如 Excel、SQL Server 等？

5. 什么是数据建模？在 Power BI 中如何进行数据建模？

6. 什么是度量值？在 Power BI 中如何新建度量值？

7. 如何在 Power BI 中创建一个简单的视觉对象？

二、数据清洗与转换

8. 怎样在 Power BI 中进行数据清洗？

9. 解释一下 Power Query 的作用。

10. 如何处理数据中的缺失值和异常值？

11. 如何在 Power BI 中进行数据合并和追加？

12. 什么是切片器？Power BI 中的切片器有什么作用？

13. 如何对数据进行分组和聚合？

三、可视化设计

14. 列举一些 Power BI 中常见的可视化对象。

15. 如何选择合适的可视化对象来展示不同类型的数据？

16. 怎样自定义可视化对象的外观，如颜色、字体等？

17. 解释一下 Power BI 中筛选器有哪些类型？如何使用？

18. 如何创建交互式可视化报表？

19. 如何将 Power BI 报表发布到 Power BI 服务？

20. 如何在可视化中突出显示关键数据？

四、数据建模与 DAX 语言

21. 请解释一下 DAX 的主要作用是什么。

22. 什么是度量值？如何创建一个简单的度量值？

23. 计算列和度量值有哪些主要区别？

24. 请给出一个使用 DAX 时间智能函数的例子，并解释其作用。

25. 如何在 DAX 中进行条件判断？

26. 解释一下 DAX 中的上下文概念。

27. 如何使用 DAX 进行数据排名？

28. 请举例说明如何在 DAX 中使用聚合函数。

29. 如何优化 DAX 表达式以提高性能？

30. 在 Power BI 中，如何调试 DAX 表达式？

五、实际应用部分

31. 请分享一个你使用 Power BI 解决实际业务问题的案例。

32. 在项目中，你是如何与团队成员协作使用 Power BI 的？

33. 如何确保 Power BI 报表满足业务用户的需求？

34. 怎样进行 Power BI 项目的需求收集和分析？

35. 解释一下在 Power BI 项目中的数据治理和质量管理。

36. 如何进行 Power BI 报表的用户培训和支持？

37. 怎样评估 Power BI 项目的成功与否？

38. 在实际应用中，你遇到过哪些挑战？如何解决？

39. 如果数据量非常大，你会采取哪些措施来确保性能？

40. 对于未来 Power BI 的发展，你有什么看法？